PETITE ÉCOLE

DES

ARTS ET MÉTIERS.

Je ne reconnaîtrai pour authenti-
ques que les exemplaires portant ma
signature.

IMPRIMERIE DE J.-B. IMBERT,
rue de la Vieille-Monnaie, n° 12.

Le Pelletier Fourreur.

Le Tanneur.

Le Corroyeur.

Le Gantier.

PETITE ÉCOLE

DES

ARTS ET MÉTIERS,

Contenant des notions simples et familières sur tout ce que les Arts et Métiers offrent d'utile et de remarquable;

Par M. JAUFFRET.

Ouvrage destiné à l'instruction de la jeunesse,

ET ORNÉ DE CENT VINGT-CINQ GRAVURES.

TOME SECOND.

PARIS,

A LA LIBRAIRIE D'ÉDUCATION
D'ALEXIS EYMERY, rue Mazarine, n° 30.
1816.

PETITE ECOLE

DES

ARTS ET MÉTIERS.

ARTS

QUI ONT POUR OBJET

L'HABILLEMENT DE L'HOMME.

Nous venons, mes enfans, d'étudier les différens arts qui ont pour objet de nous procurer des alimens. Suivons maintenant la nombreuse série de ceux qui concourent à nous vêtir.

De tous les arts, ceux qui servent à nous habiller sont, après l'agriculture, les plus utiles sans contredit et les plus nécessaires. Il en est peu dont l'invention ait fait plus d'honnëur à l'esprit humain, et où il ait montré plus de sagacité.

Il y a bien des animaux qui, de même que l'homme, savent se donner un logis ; mais il n'y a que lui qui s'habille. L'expérience la plus universelle nous apprend que toutes les nations policées, de tous les temps et partout, ont regardé la coutume de se couvrir, comme une bienséance qui était indispensable, même lorsque l'air le plus calme et le plus tempéré ne les obligeait à aucune précaution.

On a même remarqué que les arts concernant les vêtemens ont pris naissance dans les contrées où la température de l'air exige le moins que le corps soit couvert ; le besoin seul n'a donc pas porté l'homme à se couvrir d'habits ; quelqu'autre raison (et l'Ecriture Sainte nous la donne) a pu seule l'y déterminer.

Au reste, quel que soit le motif d'une coutume si ancienne et si universelle, il est certain que, dans tous les temps, on s'est appliqué à chercher des matières qui, en couvrant le corps, ne gênassent pas la liberté de ses mouvemens. L'emploi de ces matières a fait l'objet d'une étude constante et réfléchie. C'est à des recherches et à des tentatives multipliées que nous devons ce grand nombre de tissus différens qui sont en usage chez les peuples policés.

Nous retrouvons dans la manière dont étaient vêtus les premiers hommes, des preuves bien sensibles de leur état d'ignorance et de grossièreté. Nul art et nulle industrie dans l'emploi des matières dont on a fait d'abord usage pour se couvrir. On les employait telles que la nature les offrait. On choisissait celles qui demandaient le moins de préparation.

Plusieurs nations se couvraient anciennement d'écorces d'arbres, d'autres de feuilles, d'herbes ou de joncs entrelacés grossièrement. Les nations sauvages nous retracent encore aujourd'hui un modèle de ces anciens usages. Les insulaires du grand Océan fabriquent avec des écorces d'arbres, battues avec des maillets, une étoffe, ou plutôt diverses étoffes, qui ont une certaine consistance. Il paraît cependant que la dépouille des animaux a servi, dans les premiers âges, d'abord de trophées, ensuite de vêtement; mais les peaux, faute de préparations, devaient, en se séchant, se durcir et se retirer. On chercha donc et l'on trouva le moyen de les rendre plus souples et plus maniables.

Jusqu'ici même, avec les meilleurs microscopes, on n'a pu distinguer au juste en quoi consiste l'artifice des

fibres et des vaisseaux qui composent
l'intérieur du cuir des animaux , et
qui en font un tissu capable de résis-
tance , d'allongement , d'élargisse-
ment , de ressort et de rétraction en
tout sens. Cette merveille est encore
aussi inconnue que la nature et l'action de la liqueur qui , avec les nerfs ,
donne le mouvement à tous les mus-
cles d'une façon si prompte et si différente de tout ce qui s'opère par
nos mécaniques. Mais quoiqu'encore
aveugles sur la cause , nous voyons
l'effet dès fibres et des filamens qui
composent la peau de l'animal. Cet
effet consiste à le pourvoir d'une cou-
verture mobile qui , en le mettant à
l'abri des insultes du dehors , ne
s'oppose en rien à l'agilité de tous
ses membres. C'est aussi le double
avantage que l'homme s'est procuré
dans cette multitude de tissus qui le
couvrent plus ou moins , selon l'exi-

geance des saisons, et qui servent à le garantir des injures de l'air sans troubler la liberté de ses actions.

La souplesse et la consistance des habits ne sont pas, à proprement parler, son ouvrage. Ces qualités proviennent originairement des matières même qu'il emploie. Elles naissent de la solidité, et en même temps du ressort et de la mobilité du crin, du duvet et des poils de toutes sortes d'animaux, ou des fils dont certaines chenilles enveloppent leur chrysalide, ou des filandres qui se détachent de dessus certaines écorces, ou des bourres qui se tirent des gousses de certains arbres. L'homme a discerné et choisi ce qui pouvait le couvrir; mais l'excellence réelle de ces matières a précédé sa réflexion. Celui qui nous les a mises en main, nous a déchargés du soin d'en étudier la nature en y jetant un voile jusqu'aujourd'hui impénétrable ; mais il nous a invités à exercer notre industrie sur les résultats qu'on en tire, en la récompensant par des succès.

ART DU PELLETIER-FOURREUR.

La peau des animaux a été la matière la plus universellement employée dans les premiers temps pour le vêtement de l'homme ; et depuis même que l'art de fabriquer les étoffes de toute espèce a été porté au plus haut point de perfection, l'usage des peaux se retrouve encore chez tous les peuples civilisés : il y a même telle fourrure qui est aujourd'hui un objet de luxe très-recherché.

Aucun velours, mes enfans, ne peut comparer sa douceur ou son

lustre à certaines martres, au petit-
gris et à l'hermine. Aussi les plus
belles de ces fourrures précieuses sont-
elles de tout temps destinées pour
les premières personnes et pour les
plus grandes cérémonies. Aucune
étoffe n'égale en solidité les cuirs qui
se lèvent sur les grands animaux.
Aussi servent-ils, sans pouvoir être
remplacés par aucune invention, à
fournir des couvertures quelque peu
souples, quoiqu'impénétrables, et
en état de résister aux plus rudes
frottemens.

L'industrie de l'homme a perfectionné et prolongé le service des peaux
en leur donnant divers apprêts qui
en rendent quelques unes plus belles,
quelques autres inaccessibles à l'eau,
ou qui servent à les assouplir toutes
et à les pénétrer d'une substance
onctueuse, en sorte que l'eau n'y
trouve plus d'entrée, et que la séche-

resse ne puisse ensuite aussi aisément les recoquiller, ni les racornir.

Les ouvriers qui les apprêtent sont de deux sortes ; les uns nous préparent diverses fourrures avec des peaux délicates, en y laissant le poil qui en fait le principal mérite et la première beauté ; les autres emploient ou en habits, ou en meubles, ou en diverses sortes de couvertures, les peaux les plus fortes et d'un service éprouvé, communément en les pelant et en les pénétrant de quelques matières propres à les affermir ou à les adoucir.

Les peaux employées par les premiers, que nous nommons *pelletiers*, sont, ou rares et précieuses, ou communes et de moindre valeur.

Après quelques apprêts dont les uns sont de simple conservation, d'autres servent à pénétrer, assouplir et fortifier la peau par le moyen de l'huile, non du côté du poil qui est

exactement mis à couvert dans l'opération, mais du côté du dos seulement, nos pelletiers mettent d'abord
en œuvre, et font valoir, par la justesse
des assortimens, ce qui se trouve de
beau dans notre sauvagère commune :
telles sont les peaux de renard, de
fouines, de taupes, de blaireaux, de
loutres, de lapins, de lièvres, de loups-
cerviers, et de quelques autres.

Le loup-cervier est un animal très-
sauvage, plus gros qu'un renard, et
qui, à cause de son œil étincelant,
passe chez plusieurs naturalistes pour
être le lynx des anciens, duquel on
n'entend plus parler. Sa peau est
peut-être ce qui se peut voir de plus
beau ; mais elle se trouve dans nos
forêts ; et l'on aime mieux mettre
l'enchère à quelque peau lugubre trop
souvent teinte et contrefaite, pourvu
qu'on jouisse de l'agréable pensée
que c'est une peau qui vient de fort

loin. C'est encore par respect pour les décisions de la mode, qui a tout pouvoir chez nous, que nous négligeons l'usage des peaux de nos chiens tigrés et de nos chats espagnols, chartreux et autres, de beaucoup supérieures en beauté à ces peaux rembrunies que nous imaginons venir du nord.

Il est vrai que le nord de l'Europe et de l'Amérique nous envoie des pelleteries fort douces et fort lustrées. Les pays d'où nous tirons les plus estimées, sont la Sibérie, aux confins de la Tartarie et de la Moscovie; ensuite la Nouvelle - Zemble, le Spitzberg, le Groenland, le Labrador et le Canada. Les Ostiacks et les Samoyèdes, peuples de la Sibérie les plus avancés vers la mer glaciale, osent quelquefois monter sur les glaces, et pénétrer dans les terres mêmes qui sont inhabitées pour y chasser les rennes, les élans et les renards. Les tributs auxquels les Tartares sont assujettis, les uns envers l'empereur de la Chine, les autres envers les cours de Perse, de Constantinople ou de Pétersbourg, ne s'acquittent qu'en fourrures; et ces petits-gris, que les marchands français apportent de la Chine, viennent apparemment de la Tartarie chinoise, et non de la Chine même.

La Sibérie est le vrai magasin des belles fourrures. Mais nos marchands n'y pénètrent point, et c'est à Archangel ou à Pétersbourg qu'ils se pourvoient de ces objets. Il y a long-temps que les czars se sont attribué la pleine propriété de tout ce que la Sibérie produit de précieux, comme sont les belles pelleteries, et le sable d'or qui y roule sur les bords de quelques rivières. La situation du pays facilite cet assujettissement. La

Sibérie n'est ouverte que du côté de la Tartarie, dont elle fait partie, et où les fourrures sont pour rien. Du côté du nord et de l'occident elle est défendue par les glaces ; du côté de la Russie elle est couronnée d'une chaine de montagnes dont les gorges et les avenues sont commandées par autant de forts et de barrières, où l'on fouille avec la dernière rigueur tous ceux qui en sortent, jusqu'à leur casser le train de leur traîneau, pour voir si l'on n'y recèle pas quelque marchandise précieuse. Les criminels qu'on exile de Moscovie en Sibérie, sont obligés d'y aller à la chasse. On les nourrit, mais ce qu'ils prennent est pour le profit de Sa Majesté Czarienne. Les autres habitans qui font la même chasse n'en peuvent faire aucun trafic hors du pays ; mais les belles peaux qu'ils peuvent avoir à vendre doivent être

portées au gouverneur de la Sibérie.
Il les leur paye un peu au-dessus du
courant, qui est peu de chose, les
fait marquer d'un cachet, et les envoie au sénat de Russie, qui les
distribue à Moscou, à Pétersbourg,
à Archangel ou à d'autres entrepôts.
La chasse se fait ou avec des lacets,
ou à coups de bâton, ou à coups de
flèches émoussées qui tuent ou étour-
dissent l'animal sans endommager sa
peau.

Les fourrures du nord qu'on estime
le plus sont la *martre*, le *renard noir*,
l'*hermine* et le *petit-gris*.

La *martre* est une sorte de belette
qu'on trouve en Biscaye, en Prusse,
au Canada, et bien ailleurs : mais la
plus estimée est celle de Sibérie que
nous appelons *zibeline*. La plus noire
est celle dont on fait le plus de cas.
Mais on fait des friponneries sous le
cercle polaire, comme dans la zone

tempérée. Les Sibériens et les Russes ont trouvé la manière de teindre la martre rousse et de la rendre aussi noire que celle qui est naturellement du plus beau noir. Le jus de citron est ce qu'on a trouvé de mieux pour manger la couleur et pour mettre la fraude en évidence.

Les fourrures de martre zibeline les plus chères sont celles qui ne sont faites que des pointes de la queue de cet animal.

Le *renard noir*, aussi connu que la martre dans les pays les plus froids, et qui ne se trouve guère que là, peut nous détromper d'une prévention où l'on est communément que tous les animaux des pays septentrionaux ont le poil blanc. Il s'en trouve, sans doute, de parfaitement blancs qui ailleurs auraient naturellement une autre couleur. Il s'y en voit qui de roux ou de bruns qu'ils sont en été deviennent blancs ou grisonnent en hiver ; mais il y en a plusieurs dont la couleur ne s'altère point par le changement de saison.

L'*hermine*, si estimée par sa blancheur et par son lustre, est encore une sorte de fouine ou de belette. Quelques dictionnaires la confondent avec l'écureuil dont nous allons parler, et même avec la martre zibeline, quoique ce soient trois animaux différens. La martre et l'hermine ne diffèrent pas moins que du blanc au noir. Pour relever encore mieux la blancheur éblouissante de l'hermine, les fourreurs sont dans l'usage de la taveler de mouchetures noires, en y attachant de distance en distance de petits morceaux de peaux d'agneau de Lombardie, dont la laine est d'un noir fort vif.

La quatrième fourrure qu'on tire du nord est le *petit-gris*. C'est la

peau de l'écureuil des pays froids. Il
diffère des nôtres, en ce qu'étant roux
comme ceux-ci en été, il devient gris
en hiver, et reste gris après sa mort.
De cette peau on fait deux sortes de
fourrures bien différentes. Du dos on
fait le petit-gris; mais le ventre est
aussi blanc et plus luisant que l'hermine. Il est bordé de chaque côté
d'une raye noire qu'on a grand soin
de conserver. Quand la fourrure est
alternativement variée du ventre et
du dos de l'animal, elle est beaucoup plus riche. C'est ce qu'on appel-
lait autrefois le *menu-vair* qui se
trouve souvent dans les armoiries des
anciennes familles de France.

ART DU TANNEUR.

Jᴇ vous ai dit, mes enfans, que les premiers hommes employèrent, pour se couvrir, les fourrures des animaux ; mais il s'écoula bien des siècles avant qu'on connût l'art de préparer les cuirs, et de les rendre plus souples et plus durables, par le moyen des apprêts convenables. Tous les peuples furent longtemps dans la même ignorance où sont encore aujourd'hui plusieurs nations qui ne savent ni *tanner* ni *corroyer* les peaux. Cependant faute de préparation ces peaux se durcissaient et se retiraient. L'usage en devenait aussi incommode que désagréable. On fut donc obligé de chercher les moyens de les rendre d'un meilleur service.

Les peuples qui n'ont encore presque aucun usage des arts, nous retracent l'image des degrés que l'homme a pu suivre dans la découverte des préparations convenables aux peaux des animaux. Les sauvages de l'Amérique septentrionale, pour préparer celles dont ils se servent, commencent par les faire macérer dans l'eau assez longtemps. Ils les raclent ensuite, et les assouplissent à force de les manier. Pour les adoucir ils les frottent avec de la cervelle de chevreuil ; et pour leur donner du corps et les empêcher de se retirer lorsqu'elles vont à la pluie, ils les *boucannent* en les exposant pendant un certain temps à la fumée. Les habitans de l'Islande, au lieu de graisse ou de cervelle de chevreuil, se servent de foies de poissons fort huileux. Les

Groenlandais, peuples des plus grossiers et des plus sauvages, donnent
les premiers apprêts aux peaux avec
l'urine, ensuite avec la graisse, et
enfin ils les assouplissent en les battant fortement avec des pierres. Le
mieux entendu de tous ces apprêts est
sans contredit celui que font les sauvages de l'Amérique septentrionale.
Les cuirs préparés par cette méthode
s'emploient non seulement à faire
des souliers, mais aussi des bottines,
et même des culottes.

Le *tan*, qui est la principale matière dont se servent nos tanneurs,
et qui a donné son nom à l'art de
la tannerie, est l'écorce du jeune chêne
réduite en poudre par le moyen du
moulin à tan. Ce moulin ne diffère
point, pour la construction, du moulin à foulon. L'écorce du chêne y est
pulvérisée dans des augets ou mor-
tiers, par le moyen de pilons de

bois, armés de fer, qui sont mis en mouvement par l'eau ou par un cheval. Le *tan* est styptique et astringent, et par conséquent il est très-propre à augmenter la force des fibres du cuir, en les rapprochant, en les fronçant, et en les resserrant.

Mais avant de l'appliquer sur les peaux, elles reçoivent plusieurs préparations préliminaires, que je ne puis que vous indiquer. On les *dessaigne*, on les *égoutte*, on les *pilonne*, on les *met en retraite*, on les *plaine*, on les *plame*, on les *écharne*, on les *effleure*, on les *quiosse*, on les *redresse*, on les *essore*.

Dessaigner une peau, c'est la plonger dans l'eau courante pour en emporter le sang et les impuretés. On sait ce que c'est qu'*égoutter*. On la brasse ou *pilonne* en la tournant et retournant à bras dans une cuve, ou en la foulant avec des pilons. On

la *plaine* en la mettant dans le *plain*,
qui est une cuve de bois ou de pierre,
mastiquée en terre, qu'on remplit
d'eau, et où l'on délaye de la chaux
vive pour disposer le poil à tomber
au moindre effort. On met les peaux
en *retraite* en les tirant sur la *traite*,
qui est le bord du plain. On les *plame*
en les étendant sur le *chevalet*, qui
est une large pièce de bois arrondie et
inclinée, pour y être pelées ou déchar-
gées de leur poil, avec un couteau de
fer sans tranchant, ou avec un simple cylindre de bois; la première pres-
sion en étant suffisante pour abattre
le poil dont la chaux a brûlé les racines sans offenser le tissu de la peau.
On les *brise* sur le chevalet, en y passant le couteau tranchant du côté de
la fleur; c'est le côté qui porte le
poil; ou du côté de *la chair* et du dos:
c'est le côté de la peau qui tenait immédiatement à la chair de l'animal.

La dernière de ces opérations se nomme aussi *écharner*, et la première *effleurer*. Elles tendent à retrancher les restes des fibres charnues, et tout ce qui peut causer ou une tumeur, ou seulement une inégalité. Une peau *quiossée* est celle où l'on a fait passer la pierre à aiguiser. Ce frottement, qui se fait avec vigueur sur le chevalet, achève d'exprimer les restes de la chaux, et tout ce qui peut former quelque durillon. Le *renflement* est l'effet des poudres et des diverses matières dont les peaux ont été pénétrées, et qui les élargissant de volume, les font insensiblement surnager dans l'eau où on les plonge. Les *redresser* ou les *plaquer* c'est les étendre fraîches ou demi-sechées et les empiler les uns sur les autres, au lieu qu'on les nomme *peaux en croute* quand on les laisse à part, et parfaitement sèches. Les *essorer* c'est les mettre à l'air sur des perches , ou d'autre façon. C'est un soin qui revient souvent dans les apprêts des menues peaux. Ce passage alternatif du fluide de l'air dans celui de l'eau , et de l'eau dans l'air , cause dans tout l'intérieur des peaux , et jusques dans les moindres fibres , un travail ou un ébranlement qui , avec l'activité de la chaux , des sels et des huiles , facilite l'insinuation des matières propres à les assouplir sans les exténuer.

La physique serait fort embarrassée s'il lui fallait fixer par raison l'ordre et le prodigieux nombre de ces opérations; mais ce que l'esprit de l'homme n'a jamais compris et ne comprendra jamais, différens tâtonnemens le lui ont fait pratiquer avec succès. Les ouvriers continuent à l'exécuter par habitude et avec scrupule. Un d'entre eux, plus expérimenté que les autres,

et dont l'expérience fait toute la phi-
losophie, préside à tout, juge du
degré du sec et de l'humide, de la
dureté ou de la mollesse convenable,
décide à propos, et réitère, allonge ou
abrége les façons.

Au reste, les opérations de *la tannerie* sont fort longues. Le tanneur
met deux et trois ans à perfectionner
dans la chaux du *plain*, puis dans
la poudre du *tan*, les peaux qu'il
prépare.

La *tannée* ou vieille poudre de tan,
qu'on retire des fosses, s'emploie à
faire des *mottes à brûler*, en la pé-
trissant dans un moule de cuivre. Le
motteur, nu-pieds, presse la tannée
dans ce moule, et la frappe pour la
durcir. Ce moule a deux anses avec
lesquelles on le prend pour faire tomber la motte lorsqu'elles est achevée.
On met ensuite les mottes au séchoir,
qui est un bâti composé de planches

légères soutenues sur de petits mon-
tans.

ART DU CORROYEUR.

Des cuirs qui sortent de la *tannerie*,
les uns sont envoyés en croute aux
cordonniers et à d'autres ouvriers qui
emploient des cuirs durs ; les autres
sont adoucis et quelquefois colorés
par les mains du *corroyeur*.

Le principal objet de celui-ci est
d'amollir et d'assouplir les peaux de
vaches et de veaux, qui serviront à
faire les quartiers et les empeignes
des souliers , et à faire les impériales
et les côtés de carrosses ; ou les har-
nais et toutes les pièces qui en resistant
à l'eau et à des efforts continuels ,
doivent cependant se prêter , soit pour

prendre une belle forme, soit pour faciliter le mouvement par leur obéissance.

1° Ces peaux, après le travail de la tannerie, conservant encore bien des fibres charnues, le corroyeur les trempe pendant quelque temps dans l'eau naturelle.

2° Il les en tire pour les étendre sur une douve bien unie. Ensuite avec un couteau à revers, il enlève à force de bras, la chair qui est de trop, et les retrempe.

3° Il les foule toutes fraîches sur une claye, à coups de talon, jusqu'à ce qu'elles commencent, à force de plis, à devenir douces et maniables.

4° Il les imbibe d'huile de baleine, cette liqueur étant, par son onctuosité, préférable à toute autre pour cet effet.

5° Il les étend sur de grandes tables au bout desquelles il les tient assujetties à une pince qu'on nomme *valet*. Là, à l'aide d'un autre instrument nommé *pommelle*, qui est un morceau de bois épais, rempli pardessous de rainures qui se croisent, il les plie, les foule, les fait aller et venir à plusieurs reprises sous les dents de cet outil qui en brise les ressorts les plus rudes. C'est là proprement ce qu'on appelle *corroyer*. L'ordre et le nombre de ces opérations varient d'une manufacture à l'autre ; mais le fond est le même.

6° Les peaux étant *corroyée*s, on peut avoir besoin de leur donner une certaine blancheur, ou de les noircir. Pour les blanchir, on les frotte avec des mottes de craie et de ceruse, puis on les passe à la pierre ponce. Comme on veut ordinairement que le veau soit fort délié, au lieu de se servir du couteau à revers pour en ôter la chair, le corroyeur y emploie la lunette, qui est un instrument tout d'acier fait en rond , bien tranchant dans toute sa circonférence , et ouvert au centre pour y passer librement les deux mains et le manier avec force. Quand la peau de veau est bien étendue sur un sommier ou grand chassis sans barre par le bas , l'ouvrier la bande et la tire à volonté par le moyen d'une corde qui en saisit les extrémités , et qu'il passe autour de lui. Il la ponce , et avec la lunette il la diminue de chair. Il répète ce retranchement avec discrétion , jusqu'à ce que le veau soit aussi mince et aussi blanc qu'il le souhaite.

7° Quand une peau doit être mise en noir , après lui avoir donné l'huile, et l'avoir fait sécher , il trempe un gipon , qui est une grosse houppe de franges , dans de l'eau ferrée. La ferraille qu'il a laissée quelque temps dans cette eau, y dépose avec sa rouille quantité de sels et de parties ferrugineuses , qu'on sait être la base de la noirceur de l'encre. A cette première mouillure il en fait succéder une seconde, qui est d'une eau préparée avec du noir de fumée, du vinaigre et de la gomme arabique. Ces différentes teintes noircissent la peau par degrés, et on réitère jusqu'à ce que le noir soit devenu luisant. Le grain et les petites gersures qui facilitent la souplesse du veau et de la vache retournée, y proviennent des plis réitérés qu'on a fait prendre à la peau, tantôt dans un sens, tantôt dans un autre, et du soin qu'on a pris d'y rabattre jusqu'aux moindres duretés du côté mis en couleur, à force d'y faire aller la petite pelle de métal, que l'on appelle *estire*.

ART DU GANTIER.

On appelle *gantier* l'ouvrier et le marchand qui font et vendent toutes sortes d'ouvrages de ganterie.

On porte aujourd'hui des gants dans toutes les saisons, et les femmes surtout ne peuvent guère s'en passer.

Les gants se font ordinairement de peaux d'animaux passées en huile ou en mégie, telles que celle du chamois, de la chèvre, de l'agneau, du daim, du cerf, de l'élan. On fait aussi des gants à l'aiguille et sur le métier avec la soie, le fil, la laine, le coton, etc.

Le gantier ne prépare point les peaux. Il doit seulement s'attacher à faire un bon choix dans l'achat qu'il en fait , surtout lorsque la partie de peaux qu'il achète est considérable.

L'usage des gants est très-ancien. Comme on se revêtait autrefois de peaux pour mettre son corps à l'abri des injures de l'air, on en étendit l'usage aux mains pendant l'hiver, pour ne pas ressentir la rigueur du froid.

Cette profession exige beaucoup de propreté , et peu d'outils. Les principaux dont on se sert sont les *ciseaux de tailleur*, le *couteau à doler*, et le *tourne-gant*.

Après que les gants ont été coupés, opération qui exige de l'intelligence et de l'habitude, le gantier les envoie à la couturière, qui les coud avec de la soie, ou avec une sorte de fil très-fort qu'on appelle *fil à gant*.

Les gants , au retour de la couturière , sont vergettés paire par paire, avec une brosse qui ne doit être ni dure ni molle. On prend ensuite du

blanc d'Espagne ; on en frotte les
gants, et on en ôte le superflu, en
les battant, par un temps sec, sur
une escabelle, six paires à six paires,
jusqu'à ce qu'ils n'en rendent plus.
On les brosse de nouveau ; et pour
lors les gants sont prêts à être gom-
més. Pour cet effet on fait dissoudre
la gomme dans de l'eau, on la passe
à travers un linge, et on la fouette
avec des verges, jusqu'à ce qu'elle
blanchisse et s'épaississe. Quand elle
paraît avoir une consistance légère,
on étend le gant sur un marbre, on
trempe dans la gomme dissoute une
éponge fine, et on gomme le gant à
toute sa surface. Cette opération est
destinée à y attacher le blanc qu'il a
reçu.

Il y a un grand nombre de sortes de
gants qu'on appelle de différens noms.

Les *gants sur poil* ont le côté du
poil en dehors, et le côté de la chair

en dedans. Les *gants sur chair* ou
retournés sont dans le contresens des
premiers. Les *gants effleurés* sont des
gants sur poil dont on a ôté la *fleur*,
c'est-à-dire la surface luisante et dé-
liée qui étant enlevée de dessus la
peau, fait qu'elle est moins roide et
s'étend plus facilement. Les *gants
non effleurés* sont des gants sur poil
dont on n'a pas enlevé la fleur. Les
gants fournis sont ceux dont l'intérieur est garni de laine, ou du poil
de l'animal. Les *gants fourrés* sont
plus gros et plus chauds que les autres,
parce qu'ils sont garnis en dedans de
fourrures fines ou communes. Les
gants bourrés sont garnis au dedans
de chiffons ou de laine, pour se garantir des coups de fleuret quand on
tire des armes. Les *gants glacés* sont
ceux dont le côté de la chair a été
passé dans un mélange d'huile d'olive
et de jaunes d'œufs, arrosés d'esprit

de vin et d'eau, et qui ont été foulés pendant un quart d'heure avec ce même mélange sans eau. Les *gants parfumés* sont ceux qui ont contracté dans des boîtes pleines d'odeur, le parfum qu'on a voulu leur donner, etc.

Les gantiers ne perdent rien des peaux qu'ils achètent aux mégissiers, parce qu'ils vendent les *enlevures* ou *retailles*, aux tissiers et aux blanchisseurs de murailles, pour faire ce qu'on appelle de la *colle de gant*.

ARTS DU MÉGISSIER ET DU CHAMOISEUR.

Nous avons vu, mes enfans, que les gants se font ordinairement de peaux d'animaux passées en *huile* ou en *mégie*. Cela me conduit à vous dire un mot de l'art du *mégissier*, et par occasion de celui du *chamoiseur*. La seule différence qu'il y ait entre le *chamoiseur* et le *mégissier*, c'est que le premier passe ses peaux en *huile*, et que le second les passe en *blanc*.

De la pelleterie qui laisse les peaux dans leur entier, nous avons déjà passé chez d'autres ouvriers qui ont coutume de peler ou d'épiler la plupart des peaux qu'ils nous préparent. Ils sont distribués en différentes classes, qui ont certaines opérations communes, à peu près les mêmes,

Le Mégissier.   Le Chamoiseur.

Le Cordonnier.   Le Chapellier.

et d'autres opérations particulières à chaque classe.

Quoiqu'il y ait grande différence entre chamoiseur, mégissier, tanneur, hongroyeur, marroquinier et parcheminier, les peaux qui passent par les mains de ces ouvriers ont dû être presque toutes *dessaignées*, *égouttées*, *pilonnées* ou *brassées*, *mises en retraite*, *plainées*, *plamées*, *brisées* ou *écharnées*, *effleurées*, *quiossées*, *renflées*, *redressées* ou *plaquées*, et fréquemment *essorées*.

J'ai expliqué ces diverses opérations dans un article précédent. Je passe donc à celles qui regardent spécialement le *mégissier* et le *chamoiseur*.

Le *mégissier* passe toutes sortes de cuirs en blanc, depuis le cuir de bœuf jusqu'à la peau d'agneau. Il travaille principalement pour le service du bourrelier, et ensuite du gantier. Il emploie, pour les peaux qu'il destine au bourrelier, le son de froment, le sel marin et l'alun. Pour affiner les peaux sur lesquelles le gantier doit travailler, le mégissier emploie d'abord le son à la suite des préparations communes ; puis avec le sel et l'alun, il met en œuvre la fine fleur de froment, et des jaunes d'œufs délayés ensemble à l'eau chaude. Il fait du tout une bouillie dont les peaux sont empâtées et nourries dans une huche.

Le *chamoiseur* imbibe d'huile de morue, non seulement la peau du *chamois*, qui est une chèvre très-sauvage, mais la peau de toutes les autres chèvres, quoique inférieure de beaucoup à la précédente ; même celle de la brebis, qu'il apprête en façon de chamois.

L'ancienneté de ces deux arts fait qu'on en ignore l'origine, ainsi que la signification du nom de *mégissier*, que M. *Huet*, évêque d'Avranches, prétend venir du mot latin *medicare*, qui signifie préparer des drogues, dont les mégissiers font usage en partie.

L'art de préparer les peaux tenait à celui de l'embaumement chez les anciens habitans de l'île de Ténériffe. Dans une cave sépulcrale des *Guanches*, anciens habitans de ce pays, on trouva vers le milieu du neuvième siècle, sur l'estomac d'un cadavre, une peau plus douce et plus souple que celle de nos meilleurs gants, et fort éloignée de toute corruption. Les plus anciens écrivains de la Chine assurent que les Chinois étaient revêtus de peaux préparées avant que la femme de l'empereur Wang-Ti inventât l'art de se servir de la soie.

Ce sont les mégissiers qui préparent aussi certaines peaux dont on veut

que le poil soit conservé, soit pour
être employées à faire de grosses
fourrures, soit pour servir à d'autres
usages. Ce sont pareillement ces ouvriers qui donnent la première préparation au *parchemin* et au *vélin*.

Les *peaussiers* teignent en diverses
couleurs les peaux passées en mégie,
et leur donnent le nom de *basanes*.

ART DU CORDONNIER.

Voici, mes enfans, un art qui
vous est plus connu que beaucoup
d'autres. Le cordonnier s'occupe de
votre chaussure ; vous savez que c'est
lui qui fait et qui vend des souliers,
de bottes, des bottines de toute
espèce.

Cette partie de l'habillement qui
couvre le pied a beaucoup varié, soit

pour la forme , soit pour la matière que l'on a employée à cet usage. Les Egyptiens ont eu des chaussures de *papyrus* ; les Espagnols de genêt tissu ; les Indiens , les Chinois et d'autres peuples , de jonc , de soie , de lin , de bois , d'écorce d'arbre , de fer , d'airain , d'or et d'argent. Le luxe les a quelquefois couvertes de pierreries. Les Grecs et les Romains avaient des chaussures de cuir : nous faisons usage de la même matière ; mais nous employons aussi , pour la chaussure des femmes , diverses espèces d'étoffes. Au lieu de suivre la nature , nous nous en sommes écartés : Les divers mouvemens des os du pied , qui donnent tant de facilité pour la marche , et que l'on voit très-libres dans l'état naturel , se perdent d'ordinaire par la mauvaise manière de chausser les pieds : qu'y avait-il de plus ridicule et de plus dangereux

que les anciens souliers à patin que
toutes les femmes portaient il y a un
certain nombre d'années? Cette chaussure haute changeait tout à fait la con-
formation naturelle des os , rendait
les pieds des femmes cambrés , voûtés
et incapables de s'applatir ; elle leur
ôtait la facilité de la marche.

Les souliers trop étroits ou trop
courts , chaussure si fort à la mode
chez les femmes , les blessant souvent , il arrive que pour modérer la
douleur elles se jettent , les unes en
devant , les autres en arrière , les
unes sur un côté, les autres sur l'autre ; ce qui non seulement préjudicie
à leur taille et à la grace de leur dé-
marche , mais leur cause des cors qui
ne guérissent jamais.

Pour faire un soulier de quelque
peau que ce puisse être , l'ouvrier
commence par couper le quartier et
l'empeigne avec un couteau , appelé

couteau à pied, absolument semblable à celui dont les bourreliers se servent : le *quartier* est cette partie du soulier qui couvre le talon lorsqu'on est chaussé, et à laquelle sont attachées les oreilles qui servent à fixer la boucle : l'*empeigne* est la partie qui couvre le reste du pied.

Après cette opération il coud le quartier avec l'empeigne pour la soutenir. Les *ailettes* sont de petits morceaux de cuir qu'on coud tout autour de l'empeigne.

Le cordonnier met ensuite la première semelle du soulier sur la forme, et l'arrondit tout autour avec un *tranchet*, qui est une espèce de long couteau fort plat et fort acéré, avec un manche de bois léger. Quand la semelle est arrondie, il monte la soulier, c'est-à-dire, qu'il met l'empeigne sur la forme.

Le soulier étant monté, l'ouvrier

coud la première semelle à l'empeigne avec du gros fil , en plus ou moins de brins , suivant la qualité de l'ouvrage ; il coupe une bordure de cuir qu'il appelle *trépointe* , qui doit régner tout autour entre la semelle du soulier et l'empeigne , et qui sert à soutenir la couture qui les unit toutes deux.

La première semelle étant cousue avec l'empeigne , on y coud la seconde.

Le soulier étant dans cet état , l'ouvrier fait le talon, qui est ordinairement composé de deux morceaux de cuir : on observe d'employer le meilleur cuir pour le dernier bout. L'ouvrier coupe le talon , le coud an soulier , et le *redresse* ensuite , c'est-à-dire , qu'il le rend avec un tranchet de la grandeur de celui de la forme. Quand il est *redressé* , il y met de l'encre pour le noircir , de même que

sur les bords de la semelle ; il passe
ensuite sur l'une et sur l'autre , pour
les polir , un outil de bois de buis ,
long de sept à huit pouces , qui a
une espèce de tête ronde par un bout ,
et une sorte de tranchant émoussé
par l'autre : cet outil se nomme *bouis* ,
du nom du bois dont il est fait.

Après ces différentes manœuvres ,
l'ouvrier retire le soulier de dessus
la forme ; il donne ensuite un coup
de ciseau au quartier pour le mettre
à la hauteur qu'on désire et qui lui
a été prescrite ; il en fait autant à
l'empeigne pour déterminer la hauteur , et y coud la *pièce* , qui est
doublée d'un morceau de peau de
mouton passé en blanc. La *pièce* est
la partie du soulier qui couvre le
coude-pied , et qui se trouve enfer-
mée sous la boucle quand on est
chaussé. Enfin , le cordonnier borde ,
avec du ruban noir ou de la faveur ,

le *quartier* et la *pièce* du soulier,
et pour lors il est en état d'être
livré.

Les opérations pour faire un *es-
carpin* ne diffèrent qu'en ce que la
première semelle n'est que collée,
et que l'on coud la dernière semelle
sans *trépointe*.

Les *formes* qu'on emploie pour la
fabrication des souliers sont aussi du
ressort du cordonnier. Il a droit de
les faire ; mais il n'y a guère de
maîtres cordonniers qui s'adonnent
à cette fabrique : ce sont les *formiers*
qui s'en occupent.

Les cordonniers ont deux sortes de
formes, toutes deux de bois, l'une
sur laquelle ils bâtissent avec des
clous, cousent et finissent les souliers, l'autre avec laquelle ils les
mettent ordinairement en forme pour
les élargir.

La première est tout d'une pièce ;

la seconde est fendue par le milieu ,
et on l'appelle *forme brisée.*

ART DU CHAPELIER.

C'EST une étude bien intéressante ,
mes enfans , que celle de l'origine et
du progrès des arts. Nous venons de
voir le parti que l'homme avait tiré
de la peau des animaux pour son
habillement : voyons maintenant l'industrie marcher avec le temps de découvertes en découvertes.

A mesure que les sociétés se poli-
cèrent , on chercha des vêtemens plus
propres et plus commodes que les
écorces , les feuilles et les peaux. On
s'aperçut bientôt que la dépouille
des animaux pouvait être employée
plus utilement ; on chercha le moyen

d'en séparer la laine ou le poil, et d'en former des vêtemens aussi chauds et aussi solides, mais plus souples que les cuirs et les fourrures. De là naquirent les premières étoffes, qui furent vraisemblablement des espèces de *feutres*.

Vous savez, mes enfans, que le *feutre* est une jonchée de crins, ou de poils et de duvet, qui étant maniés et imbibés de quelque substance grasse ou de colle, perdent leur ressort, s'insinuent et s'accrochent les uns dans les autres de manière à ne pouvoir plus se désunir, mais plutôt à former un corps quelque peu souple, et d'une épaisseur à peu près uniforme.

Le *feutre*, quoique encore employé en quelques lieux pour les bonnets et les souliers, n'a plus guère d'autre usage que celui de couvrir la tête des peuples de l'occident ; ce qui nous conduit naturellement à nous arrêter ici à la fabrique du *chapeau*.

Communément on y fait entrer la laine d'*agnelin*, trop faible pour la plupart de nos autres tissus. On peut y employer les poils de lièvre et de lapin; mais la matière la plus propre pour la chapellerie est le poil de castor : on y mêle, si l'on veut, le duvet d'autruche qui nous vient d'Afrique, le poil de chameau qu'on nous envoie d'Asie, et quelques autres. On emploie dans les bons chapeaux un tiers de castor *sec*, sur lequel le Canadien n'a point dormi, et deux tiers de castor *gras*, parce que quand les sauvages ont longtemps fait usage de ces peaux en guise de matelas, le duvet en est plus amorti et plus propre à prendre la consistance du *feutre*.

Il me resterait à vous dire comment on rompt le castor en le cardant; comment il faut, par les vibrations réité-

rées de la corde d'un long archet ,
arçonner et voguer l'étoffe , c'est-à-
dire , faire voler successivement , et
distribuer également un tas de poils
d'une place à l'autre sur la même claie ;
comment se construisent les *capades* ,
qui sont autant de plaques ou d'assemblages de poils rangés sous une
forme triangulaire ; comment on *feutre*
les capades en les pressant sous la carte ,
puis en les *marchant* ou agitant sous
une toile ; comment de quatre capades , ou de quatre pièces triangulaires ,
liaisonnées bord contre bord , on *bâtit*
cette étoffe , de figure d'entonnoir ,
que l'on appelle un *feutre* ; comment
se foule le feutre sur les pendans de
la *batterie* , en le trempant à plusieurs reprises dans l'eau d'une chaudière , où l'on a délayé de la lie de
vin en masse ; ce que c'est qu'*enfor-
mer* le feutre , ou l'appliquer sur une
forme de bois ; comment on l'*étouppe*

en le fortifiant de poils aux endroits faibles , tels que sont surtout ceux qui doivent se prêter et s'amincir en recevant l'empreinte du cordon , qui fera la séparation des bords d'avec la tête. Toutes ces façons , et celles de teindre le chapeau , de l'*apprêter* ou *encoller* , c'est - à - dire , d'affermir l'étoffe avec plus ou moins de colle , enfin de le *lustrer* et repasser , sont autant de procédés très - faciles à comprendre. Si j'y laisse à dessein quelque obscurité , c'est afin que vous en demandiez l'explication au premier chapelier. Je vous ai livré l'ordre des opérations et des termes ; le commentaire sera sensible et court.

ART DE FILER.

Pouvons-nous, mes enfans, passer sous silence un art qui n'est méprisable qu'en apparence, et auquel nous devons au contraire une estime particulière ? Il s'en faut bien que l'art de filer soit un art commun et grossier ; sa simplicité même le rend admirable : examinons ses procédés.

Deux ou trois doigts pincent les derniers fils d'un paquet de laine, ou de soie, ou de lin, ou de coton, ou de bourre ou de fines écorces suspendues à une baguette (la *quenouille*) ; après avoir tordu et épaissi ces fils en un, les mêmes doigts en fixent le bout sur un léger morceau de bois (le *fuseau*), auquel est attaché par le bas un petit

La Fileuse.

L'Art de préparer le Chanvre

Le Cardeur.

Le Drapier.

eercle, ou de bois, ou d'argile cuite ; qu'on ôte quand le fuseau s'est un peu appesanti sous une assez grande masse de fil. Ce bois, légèrement roulé entre les doigts de la main droite, communique le même tour au fil qui y tient, et dispose les brins, encore désunis, à s'appliquer l'un à l'autre par la nécessité de tourner dans le même sens. Les extrémités des bords suivans se trouvent perpétuellement embarrassées dans les extrémités des premiers qui les entraînent ; tous s'avancent et se tordent du même train sous les doigts de la gauche qui les tire en les pressant tour-à-tour. La main droite assemble ensuite autour du fuseau le fil que la gauche a formé, et tous deux recommencent leurs fonctions alternativement : telle est la simplicité de l'opération.

On pourrait louer ici la justesse qui donne à ce fil une épaisseur toujours égale, on pourrait demander, avec une surprise légitime, comment les doigts d'une Indienne sont capables de sentir et de régler uniformément un filet que l'œil a bien de la peine à apercevoir. Ne nous arrêtons cependant pas davantage sur un travail qui demande si peu d'efforts : on ne voit pas, semble-t-il, qu'il en puisse revenir beaucoup d'honneur à l'industrie humaine, ni de profit au genre humain.

Mais c'est la facilité même de ce travail qui en fait le grand mérite, s'il en provient de grands avantages; nous nous en sommes déjà entretenus dans le volume précédent, et il suffira de rappeler ici que ce sont ces fils ou d'autres façonnés au grand *rouet*, d'une manière encore plus prompte, qui serviront par leur assemblage à former tous les tissus imaginables, depuis la corde et la sangle grossière

jusqu'à la mousseline, qui, étendue
sur la main, ne laisse voir que la
main. C'est donc ce travail qui nous
habille et qui nous meuble; il nous
fournit les attaches, sans lesquelles
nous ne pouvons rien assembler ni
gouverner; il nous fournit le cordon
qui se roidit entre les deux pointes
d'un arc, et qui chasse un trait meur-
trier dans le corps de l'animal que
nous voulons atteindre. Le même travail prépare des liens à tous les animaux terrestres, et façonne ces filets
par lesquels l'homme commande jusqu'au fond des eaux. Celui-ci lui doit
encore la sonde qui dirige sa course
sur un élément où il ne reste aucune
trace du passage des voyageurs qui
l'ont précédé, et la voile qui lui va
chercher les productions des deux hé-
misphères.

Nous prodiguons notre admiration
à certains doigts, qui montrent leur

agilité sur la harpe ou sur le piano ;
mais les doigts que nous méprisons ,
parce qu'ils ne savent que filer , méritent plutôt notre respect et notre
reconnaissance. Que deviendrions-
nous si les femmes , abandonnant
l'art de filer et de coudre , s'avisaient
de vouloir se faire un nom comme les
philosophes à système , ou de passer
leur vie à murmurer , comme les philosophes misanthropes ? Etrange oc-
cupation ! ni les plaintes qu'ils font
de la Providence , ni les systèmes ab-
surdes dont ils se fatiguent la tête,
ne nous ont procuré la jouissance d'un
seul pouce de terre auparavant inutile.
Le travail le plus commun est au
contraire le premier support de toutes
nos entreprises ; ainsi , une simple
villageoise qui file , fait plus d'honneur et de bien à la société que la tête
de bien des philosophes.

ART DE PRÉPARER LE CHANVRE.

LE chanvre est une plante qui porte la graine de chenevis, dont on nourrit plusieurs sortes d'oiseaux, et de la tige de laquelle se tire une filasse qu'on emploie à faire du fil, des cordes, etc. On doit le semer, tous les ans, dans le courant du mois d'avril. Il faut observer de choisir une terre douce, aisée à labourer, un peu légère, mais bien fertile, et située le long de quelque ruisseau. Les climats tempérés conviennent à cette plante : elle craint les pays chauds, et vient très-bien dans les pays froids.

On prend des soins différens du chanvre si on le destine à faire des cordages, des toiles grossières pour les voiles, ou si l'on veut en faire des toiles ordinaires. Si on le cultive pour en faire des cordages ou des voiles de vaisseau, lorsque la graine est levée, on en arrache assez pour qu'il reste un pied de distance entre chaque tige. La plante ainsi isolée prend plus de nourriture, et donne par conséquent des fils plus gros. Si, au contraire, on ne cultive le chanvre que pour faire des toiles d'un usage ordinaire, on le laisse lever épais ; par ce moyen les tiges étant plus fines et plus pliantes, donnent des fils plus fins.

Vers le mois de juillet, lorsqu'on aperçoit que les pieds de chanvre qui portent les fleurs à étamines, deviennent jaunes par le haut et blancs vers les racines, on les arrache brin à brin. Ils ne pourraient rester plus longtemps en terre sans préjudice. Les pieds qui portent les graines ne s'arrachent qu'un mois après, ou même plus , afin de donner le temps à la graine de mûrir. Ce dernier chanvre étant resté plus longtemps en terre , et ayant reçu par conséquent plus de nourriture , le fil qu'il donne est plus fort. Le premier donne des fils plus fins , et est le plus estimé pour faire la toile.

Le chanvre étant arraché , on le fait *rouir*. Pour cet effet , après avoir coupé la tête et les racines qui sont inutiles , on l'entasse en bottes , on met ces bottes dans une mare exposée au soleil , et on les charge de pierres , pour qu'elles plongent entièrement dans l'eau. Il est expressément défendu , par l'Ordonnance des eaux et forêts , de mettre rouir le chanvre dans les eaux courantes , qui peuvent servir de boisson ; car l'eau dans laquelle on macère le chanvre , devient un très-dangereux poison pour ceux qui en boivent , et les antidotes les plus vantés, même donnés à temps, ont bien de la peine à y remédier.

L'effet de l'opération que l'on appelle le *roui*, consiste à dissoudre une substance gommeuse, qui unit à la tige les fils de l'écorce ; ce qui donne ensuite la facilité de les détacher aisément. Si on laisse le chanvre rouir trop longtemps, il se pourrit, et le fil en est plus faible : s'il y reste trop peu, on ne peut pas le travailler aisément.

Il est plus avantageux de faire cette opération lorsque le chanvre est encore verd, et que les sucs circulent encore, que d'attendre qu'il soit sec. Lorsqu'il est verd, il ne faut que trois ou quatre jours pour le faire rouir ; mais si on le laisse sécher auparavant, il faut huit ou dix jours, et la qualité du fil en est un peu altérée.

Lorsque le chanvre a été bien roui, on le lave et on le fait sécher au soleil, ou dans un séchoir. On le prend poignée à poignée, et on l'écrase sous une machine très-simple, faite exprès, et qu'on nomme *maque*. Une pièce de bois mobile est attachée d'un bout, par le moyen d'une charnière, sur une autre pièce de bois qui est fixe; on rabat par l'autre bout cette pièce mobile sur le chanvre. Toute la *chénevotte*, qui est la partie ligneuse, s'en va par éclats sous les coups, et il ne reste à la main de l'ouvrier que la filasse, c'est-à-dire, les fils de chanvre détachés de toute la longueur de la tige.

La filasse, quoiqu'ainsi préparée, contient encore beaucoup des parties étrangères dont il faut la débarrasser. Les uns la battent avec une palette de bois; d'autres, comme dans certains endroits de la Livonie, la font passer sous un grand rouleau fort pesant, qui est mis en mouvement par le moyen d'une roue à eau, qui tourne sur une table avec une extrême rapidité. Les fils du chanvre qui a passé sous cette machine se divisent et se séparent mieux que par la première opération : l'inconvénient de cette méthode, c'est qu'elle fait beaucoup de poussière, ce qui occasionne aux ouvriers des maladies fort dangereuses.

Lorsque, par ces premières opérations, le chanvre a été dépouillé de la partie ligneuse, on le passe successivement sur des espèces de peignes de fer, les premiers à dents plus grosses et plus écartées, les autres à dents plus fines. Par cette manœuvre, on enlève les fils les plus épais et les plus grossiers. Ce rebut est ce qu'on appelle l'*étoupe*, avec quoi on fait les mêches pour l'artillerie, et même de grosses toiles d'emballage. Le chanvre qui reste a de la douceur, de la finesse, de la blancheur ; mais il lui faut encore des préparations qui sont l'ouvrage du *séranceur*.

On nomme *séranceur*, celui qui prépare les chanvres, orties, et autres plantes filamenteuses, et qui les rend propres à être filées par le moyen des *sérans*, qui sont des outils propres à préparer toutes les plantes, dont les tiges sont pleines de filamens. Ces *sérans* sont des ais, en forme de grandes cardes, armés de dents de gros fil de fer, au travers desquelles on fait passer ces plantes après qu'elles ont été *concassées* dans la *maque*.

Le chanvre ayant reçu ces différens apprêts, on le met en liasse quand il doit être envoyé aux corderies, ou bien on le met en cordon s'il est fin et destiné pour le filage et le tisserand.

Lorsqu'on forme ce qu'on appelle

une *queue de chanvre*, on met toutes les parties d'un côté; et cette extrémité s'appelle la tête. L'autre extrémité qu'on appelle *le bout* ou *la pointe*, n'étant composée que de brins déliés, ne peut être aussi grosse que la tête. On juge que le chanvre est bon quand cette queue va en diminuant uniformément de la tête à la pointe; et qu'elle est encore bien garnie aux trois quarts de sa longueur. Enfin on regarde comme le meilleur chanvre celui qui est fin, moëlleux, souple, doux au toucher, et difficile à rompre.

Les provinces qui en fournissent le plus sont la Basse-Normandie, la Bretagne, la Picardie, la Champagne, la Bourgogne, le Perche, le Bas-Dauphiné, le Lyonnais, le Poitou, l'Anjou, le Maine, le Nivernais, le Gatinais et l'Auvergne. Les

pays du nord en fournissent aussi
beaucoup, et celui d'Italie est très-
estimé.

ART DU CARDEUR.

L'emploi de la laine fut sans doute,
mes enfans, un des premiers pas que
fit l'industrie de l'homme quand elle
s'appliqua à perfectionner nos vêtemens ; mais pour employer la laine
avec succès, il faut d'abord la *dégraisser* et la *carder*. Disons un mot de
ces deux opérations essentielles.

Pour dégraisser la laine on la met
dans une chaudière remplie d'un bain
plus que tiède, composé de trois quarts
d'eau claire et d'un quart d'urine.
Après qu'elle a séjourné dans ce bain
un temps suffisant pour fondre et détacher la graisse dont elle peut être

chargée, on la doit tirer pour la faire égoutter ; et lorsqu'elle a été suffisamment égouttée , on la porte laver à la rivière. On connaît que la laine a été bien dégraissée quand elle est sèche au toucher, et qu'elle n'a aucune odeur que celle qui est naturelle au mouton.

Lorsque la laine n'est pas bien dégraissée, il en résulte bien des inconvéniens, parce que le *suin* empêche qu'elle ne se carde parfaitement; qu'il est comme impossible que le foulon puisse emporter la graisse qui est concentrée dans la *corde* ou chaîne de l'étoffe; que les teinturiers éprouvent que les draps faits avec des laines mal dégraissées n'ont jamais une couleur égale; que leur corde n'est point tranchée, c'est-à-dire, qu'elle ne se teint pas à fond, et que le gras ternit la vivacité des couleurs.

Le mauvais dégraissage fait encore

beaucoup de tort aux fabricans. Leurs laines ne s'ouvrent point au battage ; elles ne peuvent pas se filer aussi longues que celles qui sont dégraissées. Elles éclatent dans les outils. Lorsqu'on tend fortement sur le métier la chaîne qui en provient, les fils cassent à chaque instant. Il reste des vides dans les draps. Elles rancissent promptement ; et les draps qui en sont fabriqués ont toujours un œil gras et sombre.

Après que la laine a été bien séchée, on la bat avec des baguettes sur des claies de bois ou de corde, pour en faire sortir les plus grosses ordures. Ainsi préparée, elle est donnée aux *éplucheuses* qui ont soin de la bien manier, pour en ôter le reste des ordures que les baguettes n'ont pu en faire sortir. Ensuite on la met entre les mains d'un ouvrier dont l'emploi est d'*engraisser* la laine avec de l'huile, et de la *carder* avec de grandes cardes de fer attachées sur un chevalet de bois, disposés en talus.

Les *cardes* sont deux planchettes plus larges que hautes, couvertes d'un cuir de basanne, lequel est hérissé de pointes de fer, et, au contraire des dents du peigne qui sont longues, celles des *cardes* sont petites, et un peu courbée pour rompre les matières qui y passent en de très-menues parcelles, et pour raréfier ou délier, le plus qu'il est possible, les bourres de soie, les soies de rebut, les résidus des longs fils de cocon, le duvet du castor ou autres, les basses laines, et tous les poils courts qu'on peut préparer au peigne. Enfin les cardes sont aussi employées à rompre les hautes laines, quand on veut faire du drap ou des serges fines qui imitent l'enflure du drap.

L'opération du *cardage* est une des

plus nécessaires pour parvenir à la parfaite fabrication des draps ; car si les laines ne sont pas bien cardées elles ne peuvent être filées également, ni uniment. Il en résulte surtout un grand désavantage pour les couleurs mêlées, car les draps sont alors d'un ton inégal, et piqués en différens endroits. Aussi les étoffes teintes, destinées à être mélangées, doivent être repassées à la carde, une fois de plus que les blanches. Les cardeurs font usage de plusieurs espèces de cardes. A mesure qu'ils avancent dans leur travail, ils emploient les plus fines. On reconnaît que la laine est bien cardée, en la présentant au jour. Si elle est bien fondue, on la voit claire et unie ; si, au contraire, elle est mal travaillée, on voit de petits *pelotons* qui prouvent qu'elle n'a pas été touchée également par la carde, dans toutes ses parties.

2. 5

ART DU DRAPIER.

Une fois, mes enfans, que la laine est bien dégraissée et bien cardée, tout n'est pas encore fait. Cette première invention eut été sans avantage pour nous si on n'avait pas trouvé le secret de réunir, par le moyen du fuseau, ces différens brins, et d'en faire un fil continu. Ce secret admirable remonte à la plus haute antiquité.

La tradition de presque tous les peuples donne à des femmes la gloire d'avoir inventé l'*art de filer*, *de tisser les étoffes*, et *de les coudre*. Il est probable qu'on aura fait bien des essais avec les matières filées, et composé différens ouvrages, comme des tresses, des réseaux, etc., jusqu'à ce qu'enfin on ait trouvé le tissu à chaîne et à

trame , invention la plus utile peut-
être qui soit dans la société. En effet,
c'est par le moyen de cet art que nous
formons, de presque toutes les matières qui nous environnent, des tissus
propres à nous couvrir d'une manière
également commode et élégante.

A considérer la quantité et la diversité des machines que nous employons aujourd'hui dans la fabrique
de nos étoffes, on ne se persuaderait pas
facilement que , dans les premiers siècles, les hommes aient pu se procurer
rien de semblable , ou qui ait pu en
approcher. Il est aisé cependant de le
concevoir , si , au lieu de s'arrêter à
nos pratiques ordinaires , on réfléchit
aux métiers qui sont encore en usage
chez plusieurs peuples. La simplicité
des outils dont on se sert encore présentement dans les Grandes-Indes ,
en Afrique, en Amérique, etc., peuvent servir à expliquer comment dans

les temps reculés on sera parvenu à fabriquer des étoffes. Quoique privés de la plus grande partie des connaissances dont nous jouissons , les ouvriers de ces pays exécutent des étoffes dont on ne peut se lasser d'admirer la finesse et la beauté. Une navette et quelques morceaux de bois sont les seuls instrumens qu'ils emploient. Les premiers peuples auront donc pu , à l'aide de ces faibles secours , travailler de bonne heure des tissus à trame et à chaîne.

Les draps des anciens avaient même un avantage sur les nôtres : c'est qu'on pouvait les laver et blanchir tous les jours , au lieu qu'une semblable opération gâterait la plupart de nos étoffes. Sans doute qu'ils avaient quelque secret particulier pour la préparation de leurs draps , qui n'est point parvenu jusqu'à nous.

Les poils des animaux sont , sans

difficulté , la matière la plus abon-
dante et la plus généralement employée à habiller l'homme. Le duvet
du castor , le poil du chameau , celui
des chèvres d'Asie et d'Afrique , la
toison de la vigogne , qui est la brebis du Pérou , ne sont que la plus
petite partie de cette riche provision.
C'est la laine de notre brebis commune qui fait , avec les cuirs, la plus
sure de nos défenses contre les atta-
ques des élémens.

Il y a cependant plusieurs plantes,
telles que le coton , le chanvre , etc. ,
qui peuvent servir au même usage.
La bourre de coton ayant beaucoup
de ressemblance avec la laine , on en
aura formé de bonne heure des tissus.

Après avoir pris dans son origine
l'art de préparer les laines pour en
faire des étoffes , disons un mot de
l'art, dans son état présent.

Les draps se fabriquent sur le mé-

tier de même que la toile, les droguets, les étamines, les camelots,
et autres semblables étoffes qui n'ont
point de croisures.

Il s'en fait de plusieurs qualités,
de fins, de moyens, de gros ou forts;
quelques-uns se font de diverses couleurs, c'est-à-dire, avec de la laine
qui a été teinte et mélangée avant que
d'être filée et travaillée sur le métier.

Les meilleures laines dont on puisse
se servir pour la fabrication des
draps fins, sont celles d'Espagne, par-
ticulièrement celles qui se tirent de
Ségovie. Après celles-ci viennent les
laines d'Angleterre, et ensuite celles
du Berri et du Languedoc; mais nos
belles laines du Berri sont égales à
celles d'Angleterre. Notre climat nous
met en état d'avoir d'aussi belles laines que celles de ce royaume. Il ne
s'agit que de prendre des soins suffi-

sans des moutons, de croiser les races, etc.

Vous avez déjà vu dans l'article précédent les premiers apprêts que la laine doit recevoir. *Pluche*, dans le sixième volume de son *Spectacle de la nature*, a consacré plus de cent pages et une vingtaine de figures, à l'explication de tous les procédés que l'on suit pour fabriquer les différens draps. Je vous invite à le consulter, et surtout à aller visiter une manufacture de draps, si vous êtes à même de le faire.

Quand la laine est lavée, dégraissée, cardée, ourdie, et que la chaîne est montée sur le métier, les *tisseurs*, qui sont deux sur un même métier, l'un à droite et l'autre à gauche, marchent en même temps et alternativement sur un même pas, c'est-à-dire tantôt sur le pas droit, et tantôt sur le pas gauche, ce qui fait hausser et baisser, avec égalité, les fils de la chaîne, entre lesquels ils lancent transversalement la *navette* de l'un à l'autre, et chaque fois que la navette est lancée et que le fil de la trame est placé dans la chaîne, ils le frappent conjointement avec la *chasse* où est attaché le *rot* ou *peigne*, entre les broches ou dents duquel les fils de la chaîne sont passés, ce qu'ils font autant de fois qu'il est nécessaire.

Les tisseurs ayant continué de travailler jusqu'à ce que la chaîne soit entièrement remplie de trame, le drap se trouve achevé, et en cet état il est nommé *drap en toile*, ou simplement *toile*. En général le défaut des *tissages* est que les chaînes des draps et autres étoffes ne sont pas assez tissues, qu'il n'a pas été mis suffisamment de trame, eu égard à la qualité ou espèce d'étoffe qu'on veut fabriquer.

Le drap ayant été tissu, foulé, lainé
et tondu, on l'envoie à la teinture.
Nous consacrerons un article particulier à l'art du foulon et à celui du
teinturier.

Nos manufactures de draps peuvent
être regardées comme la base de notre
commerce au Levant. Le profit que
nous en tirons dans ces marchés étrangers, augmentera ou diminuera à
proportion du bon aloi, de la variété
et du bon marché de nos étoffes.

Parmi les draps destinés pour la
consommation de l'intérieur du royaume, on doit remarquer principalement ceux des manufactures d'Abbeville, de Sedan, de Louviers et d'El-
bœuf.

ART DU FOULON.

Je dois, mes enfans, un article particulier à l'art du *foulon*, qui perfectionne la fabrication de nos draps, en leur donnant tout-à-la-fois plus de consistance et plus de lustre.

Avant que les Romains eussent l'usage du linge, ils jugeaient d'une si grande importance le métier de laver, nettoyer, et mettre les draps en état de servir, qu'ils avaient fait des lois pour prescrire la manière dont les *foulons* devaient exécuter leur ouvrage. Pline dit, dans le seizième chapitre du dix-septième livre de son histoire naturelle, que *Nicias*, fils d'*Hermius*, fut le premier inventeur de l'art du foulon : d'autres prétendent que cet art fut découvert longtemps

Le Foulon.

L'Art de préparer la Soie.

L'Art de fabriquer le Velours.

Le Teinturier.

auparavant en Asie et dans l'Egypte ;
et qu'il n'a été connu en Europe que
depuis la guerre de Troie ; mais dès
qu'il est certain que les *moulins à
foulon* n'étaient pas connus de l'antiquité, l'opération du foulage devait
être bien imparfaite et bien pénible.
On peut en juger par la manière dont
les habitans de l'Islande foulent leurs
draps ; car cette manière est probable-
ment la même à peu près que celle dont
les anciens se servaient. Après avoir
arrosé ces draps d'urine chaude, les
Islandais les roulent, les jettent par
terre, les pétrissent avec les pieds
pendant toute une journée : le foulage
de leurs gants et de leurs bonnets ne
diffère qu'en ce qu'il est fait avec les
mains. Quelque robuste et quelque
habile que soit un fouleur, il travaille
beaucoup lorsque dans la journée il a
foulé une camisole ou trois paires de
draps.

Comme le foulage donne plus de consistance aux draperies , et que par les coups redoublés qu'elles reçoivent elles deviennent plus fermes et plus unies , c'est de la manière dont on les foule que dépend leur bonté.

Le foulage des draps , et autres étoffes de laine, se fait dans des moulins à eau , que , de leur usage , on nomme *moulins à foulon*. Ces moulins , à la réserve des meules et de la trémie , sont semblables à ceux qui servent à la mouture des grains.

Les principales parties d'un moulin à foulon , sont la roue avec ses pignons ou lanternes , l'arbre avec ses dents de rencontre , les pilons ou maillets , et les piles qu'on nomme autrement *pots* , et quelquefois *vaisseaux à fouler*. Ces piles sont des espèces d'auges où l'on met l'étoffe que l'on veut fouler.

C'est la roue qui donne le mouvement à l'arbre , qui , par le moyen de ses dents , le communique aux pilons qu'il fait hausser et baisser alternativement , suivant que quelqu'une des dents rencontre ou quitte le mentonnet qui est au milieu de chaque pilon.

Les pilons et les piles sont de bois ; chaque pile a deux pilons au moins , assez souvent trois. Le nombre des piles n'est pas reglé; les moulins en ayant plus ou moins , suivant la volonté du foulon , ou la force du courant d'eau qui fait mouvoir la roue.

C'est dans les piles que l'on met les draps qu'on veut fouler , et les pilons en tombant dessus les foulent, c'est-à-dire, les frappent et les battent fortement , ce qui les rend plus forts et plus serrés.

La grosseur des pilons ou maillets doit être proportionnée à l'espèce de l'étoffe ou du drap qu'on veut fouler , et relative à la force de l'eau qui les fait mouvoir. Le bout des maillets qui frappent sur l'étoffe est dentelé ou évidé en espèce de crans, de manière qu'en frappant ils retournent peu à peu l'étoffe dans les piles, et ne battent jamais deux fois de suite sur le même endroit des pièces. Les piles doivent être assez grandes pour contenir les étoffes à fouler ; si elles étaient trop petites, l'étoffe serait déchirée par le frottement.

ART DE PRÉPARER LA SOIE.

Vous savez, mes enfans, que la soie, ce fil mou, fin, délicat et léger, dont nous faisons des tissus si beaux et si précieux, est l'ouvrage d'une espèce de chenille qu'on nomme *ver-à-soie*. Le ver-à-soie n'est d'abord qu'une petite chenille noire, qui échappe presque à la vue, à cause de sa petitesse ; mais elle grossit bientôt en se nourrissant de la feuille du mûrier, change de couleur après avoir pris son accroissement, et s'enferme dans sa coque formée de la soie que l'insecte tire de son corps en la filant avec ses pattes. Cette chenille, dans son pays natal, vit sur les arbres mêmes, dont elle mange la feuille ; mais dans nos climats plus froids il faut l'élever dans

une chambre d'une température toujours égale , lui fournir en abondance
la feuille du mûrier dont elle se nourrit , avoir soin que cette feuille soit
exempte d'humidité , la renouveler
souvent , et faire régner la propreté
dans l'appartement que ces insectes
habitent.

Les anciens ne connaissaient , ni
les usages de la soie , ni la manière
de la travailler. *Pamphilie* , habi-
tante de l'île de Cos , et fille de *Platis* ,
fut , à ce qu'on prétend , la première
Européenne qui inventa l'art de la
façonner. Cette découverte passa ensuite chez les Romains , qui n'en re-
tirèrent certains avantages que longtemps après. Les étoffes de soie
furent si rares chez eux pendant plusieurs siècles , qu'on les vendait au
poids de l'or ; ce qui engagea l'empereur Aurélien à refuser , à l'impé-
ratrice son épouse , une robe de soie

qu'elle lui demandait avec beaucoup d'instance.

En 555 , deux moines venant des Indes à Constantinople , apportèrent avec eux quantité de vers-à-soie , avec les instructions nécessaires pour en faire éclore les œufs , élever et nourrir les vers , en tirer la soie , la filer et la travailler. Ces instructions donnèrent naissance à l'établissement de plusieurs manufactures à Athènes , à Thèbes et à Corinthe.

En 1130, Roger , roi de Sicile , ayant pillé Athènes et Corinthe , transporta , à Palerme et en Calabre , plusieurs ouvriers en soie , au moyen desquels il établit des manufactures. L'Italie et l'Espagne profitèrent de l'industrie des Calabrois, et les Français ne commencèrent à les imiter que peu de temps avant le règne de François Ier. C'est à Louis XI qu'on dut les premiers essais pour la transplantation en France de cette nouvelle entreprise. Henri IV établit des pépinières de mûriers dans son royaume, et assigna les fonds nécessaires à leur entretien. Les troubles domestiques et les guerres qu'eut à essuyer Louis XIII, ne lui permirent pas de s'occuper d'un objet aussi important. Ce ne fut que sur les mémoires et les instructions de M. *Isnard* qu'on s'appliqua en France, sous le règne de Louis XIV, à la plantation des mûriers blancs, à la nourriture des vers-à-soie, et à l'art de filer, mouliner et apprêter les soies. Enfin, sous son successeur, ces utiles établissemens devinrent une des plus riches branches de notre commerce.

Lorsque les vers-à-soie ont fait leurs cocons, qu'ils ne perfectionnent qu'en sept ou huit jours, on enlève ces cocons avant l'espace de dix-huit ou vingt jours, sans quoi on les trouverait percés, parce que le papillon éclos sortirait de sa prison. Le moyen le plus simple d'étouffer les crysalides, est de les exposer à l'ardeur du soleil dans une place qui soit bien à l'aspect du midi ; pour cet effet on les étend sur des draps le plus au large qu'il est possible, et on les remue souvent : on les retire au bout de quatre à cinq heures, et on les enveloppe avec des couvertures. Pour que cette opération réussisse plus sûrement, on la repète pendant deux ou trois jours ; ou bien encore on fait passer les cocons au four, en les plaçant dans de grands paniers plats, qu'on appelle *mannes*. Il faut que le four soit assez chaud pour faire périr la chrysalide, sans cependant causer d'altération à la soie. On reconnaît qu'il est temps d'ôter les paniers du four, lorsqu'on entend un pétillement semblable à celui d'un grain de sel qu'on jetterait dans le feu ; mais, de tous les procédés employés pour obtenir ce résultat, le plus sûr, le plus avantageux est d'exposer les cocons à la vapeur de l'eau bouillante, au moyen d'une chaudière établie à cet effet sur un fourneau en maçonnerie.

Après cette opération, il ne s'agit plus que de tirer les soies que peuvent produire les cocons. On les divise en plusieurs qualités ; la première renferme tous ceux dont le tissu présente une superficie compacte, et d'un grain fin : on range dans la seconde les demi-fins, dont le grain est plus lâche et plus gros. La troisième qualité comprend tous les cocons qui n'ont pas de grain, dont le dessus est mollasse et spongieux. Les doubles, c'est-à-dire, les cocons dans lesquels deux ou trois vers se sont enfermés et ont travaillé en commun, forment la quatrième espèce.

Quoique la simple inspection des cocons annonce assez sûrement la beauté de la soie, elle ne décide pas toujours de sa bonté ; ce n'est qu'en les développant, en unissant les brins de la soie, et en les mettant en état d'être soumis à toutes les épreuves, qu'on en reconnaît la bonne ou la mauvaise qualité. Ce n'est enfin que par le moyen de la filature qu'on tire un parti plus au moins avantageux de cette matière précieuse : aussi, l'art de filer la soie fait-il aujourd'hui l'objet d'une attention particulière dans l'économie politique de toutes les nations qui cultivent les vers-à-soie. Les connaissances qu'on y acquiert sont d'autant plus intéressantes, qu'il est convenu que la bonté et la beauté de la soie dépendent, en

général , d'une infinité de détails que
cet art embrasse , et qui sont subor-
donnés les uns aux autres.

On peut distinguer deux sortes de
soie, la longue et le fleuret. La longue
soie , qui se dévide de dessus les cocons , n'a besoin ni d'être peignée , ni
d'être filée à la quenouille ; il ne faut
qu'en assembler les fils , et les doubler sur le dévidoir au nombre de huit,
de douze ou de quatorze ensemble ,
selon le caractère et la force qu'on veut
donner à l'étoffe. Il y a bien des manières de les dévider , de les mouliner
et de les tordre en les assemblant :
l'intelligence des ouvrières contribue
beaucoup à la beauté et à la bonne
qualité de la soie.

Plus les cocons sont frais , plus on
les file avec avantage , parce qu'ils se
développent facilement jusqu'au dernier brin , et que la soie en est toujours plus nette et plus lustrée.

Quand la soie a été tirée de dessus
les cocons , sans les jeter dans de
l'eau bouillante, c'est de la *soie crue* ;
telle est la belle soie qu'on nous envoie du Levant par la Méditerranée, et
celle qui nous vient des Indes par
l'Océan. On donne aussi très-commu-
nément , quoique fort improprement,
le nom de *soie crue* à celle qu'on tire
en Europe des cocons de rebut, et qui,
ne pouvant être ni dévidée ni filée uniment , doit passer par les cardes pour
devenir praticable à la quenouille.

La *soie cuite* est celle qu'on a dévidée de dessus les cocons plongés
dans l'eau chaude ; mais on appelle
plus communément *soie cuite* ou *dé-
cruée*, celle qui a passé à l'eau de
savon , chez les teinturiers.

Le *fleuret* ou *filoselle* est cette soie
irrégulière que l'on voit distribuée
comme à l'aventure autour des longs
fils qui forment le corps des cocons :

on déchire ce fleuret, en le cardant, pour le rendre maniable et propre à être filé. On y joint les soies de rebut, les bouts cassés, tous les résidus des longues soies dont on ne peut plus retrouver le fil sur les cocons ; et enfin cette soie naturellement collée, qui compose la coque dont la chrysalide est immédiatement couverte : cette dernière ne peut entrer dans la masse du fleuret ni passer par la carde, qu'après avoir été décrassée à l'eau de toute cette gomme, dont la chenille avait épaissi son enveloppe. Toutes ces soies que la carde confond, et qu'elle met en état d'être filées, n'ont pas à beaucoup près le lustre de l'autre fil que la nature elle-même nous a préparé ; mais cette inégalité même donne lieu à des diversités utiles, et proportionne les ouvrages aux états comme aux facultés des acheteurs.

Comme nous avons dit qu'il y avait

des cocons de quatre qualités , il en résulte que chaque qualité donne une soie différente ; les fins donnent l'*organsin* , les demi-fins donnent les *trames* , les *satinés* des soies inférieures , et les *doubles* une soie grossière qui ne peut servir que pour des tissus ou des rubans communs.

Les cocons *satinés* sont ceux qui sont doux au tact , et sans grain décidé. Le tirage est difficile , et la soie en est toujours grossière. Les cocons *doubles* sont formés par deux ou trois vers renfermés ensemble ; la soie qu'on en retire n'est propre à aucune fabrique d'étoffe ; elle ne peut servir qu'à monter des galons. Les autres espèces de cocons imparfaits , comme les *veloutés* , les *percés* , et ceux qui sont sans tissu et sans gomme , ne sont bons qu'à faire du fleuret.

Lorsque la soie est dévidée de dessus les cocons , il reste des peaux soyeuses que l'on nomme *estrasse*, qui enveloppent les chrysalides. On en retire, en les battant, les chry- salides qu'elles contiennent ; on les lave bien ; on les fait sécher, et leur emploi le plus ordinaire est d'être cardées et filées au petit rouet pour en faire du petit ruban, que l'on nomme communément *padou*, ou tramer des étoffes pour des meubles ou tapisseries, dont la chaîne est de filoselle.

On distingue plusieurs espèces et qualités de soie, relativement aux différens apprêts qu'elles peuvent re- cevoir. La *soie grège* ou *grèse* est la soie telle qu'elle et retirée de dessus les cocons avant que d'avoir été filée, ou qu'elle ait souffert aucun apprêt : on l'appelle aussi *soie en matane*. L'*organsin* est une soie composée de deux, trois, et quelquefois de quatre brins de soie, qui, ayant d'abord été filés séparément dans un sens , sur un moulin , sont tors tous ensemble en sens contraire sur un autre moulin , en sorte que les quatre brins ne composent plus qu'un fil , ou une espèce de petite corde de soie cablée. Les *organsins* tirent leur nom des lieux ou villes où on les apprête : on les emploie pour faire la chaîne des étoffes. Les Piémontais étaient autrefois en possession de fabriquer seuls les organsins employés dans nos manufactures ; mais aujourd'hui nous sommes en état de nous passer des étrangers pour cet objet.

Les *soies plates* sont des soies non torses , préparées pour travailler en tapisserie, à l'aiguille , en broderie et à quelques autres ouvrages. Les *soies torses* sont celles qui ont reçu leur filage , dévidage et moulinage. Les *soies en botte* sont celles qui ont été mises en bottes ou en paquets carrés et longs par les plieurs. Les *soies de bourre* sont les moindres de toutes les soies. Ce sont celles dont on fait la filoselle avec laquelle on fabrique les *bourres de Marseille* ; ce sont de petites étoffes moirées , dont la chaîne est toute de soie , et la trame toute de bourre de soie.

ART DE FABRIQUER LE VELOURS.

L'INDUSTRIE qu'on admire dans l'invention du velours , nous invite, autant que la beauté de l'étoffe , à prendre connaissance de la manière dont elle se fabrique. Si nous faisions le commerce, ou que nous eussions part à la conduite d'une manufacture , nous ne manquerions pas de nous instruire et d'instruire les autres, du nombre des portées ou paquets de longs fils qui composent la chaîne totale ou le premier fond de l'ouvrage, et du nombre de fils qui doivent entrer dans chaque portée. Nous nous mettrions scrupuleusement au fait des règlemens qui fixent la qualité de la chaîne et de la trame, la longueur et la largeur de chaque espèce de fabrique, et les fils de différentes matières ou de différentes couleurs qui doivent marquer, dans les lisières, le juste caractère de chaque étoffe, pour servir de règle aux inspecteurs, et de témoignages aux acheteurs. Ces connaissances très-nécessaires, suivant le besoin qu'on en peut avoir, ne sont pas ici ce qui nous regarde; suivons l'homme dans ce que ses découvertes ont de remarquable, et d'utile ou d'agréable pour la société qui en retire le fruit.

Au travers d'une chaîne de soie bien torse, on en insère une seconde d'une autre soie moins serrée, de façon que les longs fils de celle-ci puissent être abaissés et haussés librement, par leurs marches propres, entre les fils de la première chaîne, qui jouent de leur part, avec une égale liberté. Cette chaîne de surcroît, et insérée dans la chaîne du fond, se nomme la chaîne à poils, ou simplement le poil, parce que c'est des fils de cette chaîne, transversalement coupés par-dessus l'étoffe, qu'on fait le poil ou le velouté dont elle est garnie par l'endroit.

Dans les métiers ordinaires, on donne le nom de lames à ces assemblages de fils courts qui traversent la chaîne pour en élever une partie en abaissant l'autre par le moyen des marches. Ces pièces se nomment *lisses* dans le métier à velours ; et tandis que dans le métier commun, deux lames se haussent et s'abaissent tour-à-tour par une corde commune qui va de l'une à l'autre, en passant au haut du métier par une poulie, la marche droite ne pouvant ainsi abaisser la lame qu'elle tire sans élever l'autre lame, dans le métier à velours, tout s'opère par des contre - poids. La marche descend-elle sous le pied qui la foule? elle abaisse sa lisse propre, et celle-ci fait monter le contre-poids qui y correspond. Si le pied abandonne la marche, le contre-poids retombe et relève la lisse. La chaîne à poils a ses lisses, ses marches et ses contre - poids. La chaîne à fond a pareillement, mais un peu plus loin de la main de l'ouvrier, ses lisses propres avec les marches et les contre-poids qui y répondent. Tous les fils de la chaîne à poils partent du bas et de l'extrémité du métier, traversent obliquement la chaîne du fond, et montent beaucoup plus haut pour passer par dessus un gros bâton suspendu sur deux boucles de verre, d'où ces fils vont , au travers de toutes les lisses , gagner la tête de la pièce. Tant que l'ouvrier ne touche pas aux marches de la chaîne à poils , les contre-poids en demeurent abaissés , et tous les fils de cette chaîne demeurent élevés , de façon qu'on pourrait librement ne travailler le tissu qu'avec la chaîne de fond. Le reste des préparatifs consiste en deux navettes , et trois longues virgules ou baguettes de laiton que l'ouvrier appelle *fers* , parce qu'elles étaient de fer dans les commencemens de l'invention. Les navettes servent à injecter une enflure entre les fils de la chaîne à poils , et une autre entre les fils de la chaîne de fond. Chaque virgule de laiton doit être plus longue que la pièce de velours ne sera large. Cette baguette est extrêmement mince et a deux surfaces , l'une plate , l'autre un peu arrondie , qu'on appelle le *dos du fer*. Sur l'un de ses deux autres petits côtés, elle a une cannelure ou rainure assez profonde qui la traverse d'un bout à l'autre. Cette cannelure est si fine, que l'œil a beaucoup de peine à l'apercevoir. Chaque baguette est enfin armée, à l'un de ses bouts, d'une petite pelotte de cire d'Espagne, pour être aisément coulée entre le fil de poil et le fil de fond, autrement de sa pointe nue elle percerait une chaîne ou l'autre.

L'ouvrier commence par faire le chef de sa toile, et lorsqu'il est temps de commencer à faire paraître le velours, il tient tous les fils de la chaîne à poils élevés par l'abaissement des contre-poids propres. Il glisse alors un de ses fers entre les deux chaînes. Ce fer demeure couché sur le dos, et entièrement caché entre ces deux chaînes. On n'en voit plus que les deux bouts, parce qu'à l'instant le tisseur abaisse profondément la chaîne à poils,

et jette ses navettes à plusieurs reprises dans les séparations des fils de la
chaîne de fond , et dans les ouvertures
de la chaîne à poils : ces deux tissus
demeurent par là étroitement unis.
L'ouvrier amène la chasse , et frappant toutes ces duites de trame de
plusieurs coups , il oblige le fer , qui
était couché sur le dos , à se dresser
sur le côté , et à tenir vers le haut son
autre côté cannelé. Il relève la chaîne
à poils , couche sur la chaîne de fond
une seconde virgule , abaisse le poil ,
et fait comme ci - devant son double
tissu. Après l'avoir bien frappé , il
ouvre les chaînes , couche la troisième
virgule, tisse et frappe encore de même.

On ne voit jusqu'ici que l'apparence
d'une étoffe ordinaire. Pour en faire
sortir le velours, il prend en main une
plaque de fer , sur le bas de laquelle
est attaché un petit couteau très-affilé
en forme de serpette. Il enfonce le bec

ou la pince dans la cannelure de la première virgule ; et faisant avancer cette pointe le long du canal qui dirige son instrument et sa main , il coupe la chaîne à poils dans toute la largeur de l'étoffe, en sorte qu'il s'en élance deux rangées de poils fins et fort drus , d'une égalité parfaite. La première virgule de laiton reparaît. Il laisse dormir les deux autres, et reporte celle-ci un peu plus loin entre les deux chaînes, couvre son fer de la chaîne à poils , tisse, comme ci-devant , avec ses deux navettes ; et après avoir fortement frappé contre ce fer , il dégage le second par le tranchant de la serpette. Ce second fer est ramené entre les chaînes , et suivi du travail des chaînes et des navettes. Le troisième fer est enfin tiré de prison par le couteau qui rompt ses liens. De cette sorte , il y a toujours deux fers en repos, et cachés dans l'intérieur de l'étoffe : il n'y en a qu'un des trois qui demeure libre , et qu'il faille mettre en œuvre. Aucun de ces poils qui se dressent sous la pince ne peuvent s'échapper. Ils se courbent dans l'intérieur de la pièce , et se relèvent pour former d'autres houppes dans la ligne suivante. Ils sont arrêtés dans leur courbure par les trames des deux navettes qui les saisissent pardessus et par-dessous. De sorte que le tissu, en faisant ainsi la solidité de l'ouvrage, demeure entièrement caché sous cette forêt de poils parfaitement égaux qui en font la beauté. La chaîne à poils , montant et descendant de la sorte d'un bout de la pièce à l'autre , use plus de matières que la chaîne de fond : aussi le rapport de l'une à l'autre est - il de six aunes à une , quand le travail est bien frappé.

Le travail des *pannes* , des *peluches* et des *mocquettes* , est le même. La différence peut provenir de la lon-

gueur qu'on donne au poil, et de la
finesse des matières. Plus l'ouvrage
est serré, et le poil coupé court en
chassant fortement les trames, plus
l'œil en est beau et le fond bien couvert. L'étoffe baisse de mérite à mesure que les tranches transversales
sont plus éloignées et découvrent plus
le fond, ou que la chaîne à poils est
d'une matière inférieure à la soie,
comme peut être le poil de chèvre,
dont on fait la peluche et la laine,
dont se fait la mocquette.

———

ART DU TEINTURIER.

Que d'obligations n'avons - nous pas, mes enfans, au teinturier, qui, par le secours de son art, transporte sur nos habillemens et sur nos meubles les couleurs vives et brillantes dont la nature pare avec tant d'éclat ses plus riches productions!

L'art du teinturier remonte à une haute antiquité. Le hasard l'a fait naître comme beaucoup d'autres. Les premiers fruits, la première plante qu'on aura écrasés, l'effet des pluies sur certaines terres et sur certains minéraux, ont dû donner des notions sur l'art de teindre, et l'idée des différentes matières propres à la teinture. Dans tous les climats, l'homme a sous sa main des terres ferrugineuses, des terres

bolaires de toutes nuances, des matières végétales et salines, etc. ; la
difficulté a été de trouver l'art de les
employer. Combien de tentatives n'au-
ra-t-on pas faites avant de parvenir au
point d'appliquer convenablement les
couleurs sur les étoffes, et de leur
donner cette adhérence et ce lustre qui
fait le principal mérite de l'art du teinturier, l'un des plus difficiles que l'on
connaisse !

Il faut que cet art soit bien ancien,
puisqu'on fixe communément l'époque de la teinture en pourpre, dont
se servaient les anciens, à l'Hercule
Tyrien, qui vivait près de quinze
cents ans avant l'ère chrétienne.

Ce qui rend l'art du teinturier plus
difficile qu'on ne le croit communément, c'est que toutes les couleurs ne
sont pas également bonnes pour toutes
sortes d'étoffes ; que celles qui conviennent aux *draps* ne sont pas pro-

près aux *droguets*; que bien qu'il y ait des autres couleurs de même nom, on ne doit pas les regarder comme les mêmes, mais au contraire, comme très-différentes entre elles.

Tout l'art de la teinture consiste à extraire les parties colorantes des différens corps qui les contiennent, et à les faire passer sur les étoffes, de manière qu'elles s'y trouvent appliquées le plus solidement qu'il est possible. Mais il n'est pas à beaucoup près aussi facile de parvenir à ce but, que pourraient le croire ceux qui n'ont pas fait un examen approfondi de ce qui se passe dans les opérations de cet art.

Au premier coup d'œil, il semblerait que, pour teindre les étoffes, il suffirait d'extraire par l'eau la couleur des différens ingrédiens capables d'en fournir, et de plonger ou de faire bouillir dans cette eau, ainsi chargée

de couleur, les étoffes qu'on a dessein
de teindre; mais cette pratique si simple et si commode ne peut avoir lieu
que pour un fort petit nombre de teintures. Toutes les autres exigent des
manipulations et des préparations particulières, soit sur les ingrédiens co-
lorans, soit de la part des substances
qui doivent être teintes.

La laine, la soie, le coton, le fil,
ont chacun leur caractère particulier,
et ne se prêtent point également à recevoir les mêmes teintures. Les rouges
de la garance et du kermès, qui s'ap-
pliquent très-bien sur la laine, ne
peuvent point prendre sur la soie. On
peut dire en général, que la laine et
toutes les matières animales sont celles
qui se teignent le plus facilement, et
dont les couleurs sont les plus belles et
les plus solides. Le coton, le fil et
toutes les matières végétales sont au
contraire les plus ingrates et les plus

difficiles à teindre. C'est surtout dans l'écarlate de la cochenille , que cette différence devient très - sensible. Si dans une même décoction de cochenille , préparée pour teindre en écarlate par une quantité convenable de dissolution d'étain, on met en même temps de la laine , de la soie et du coton , on ne pourra voir sans étonnement , qu'après avoir fait bouillir suffisamment toutes ces matières , la laine en sortira teinte en un rouge magnifique et plein de feu , tandis que la soie n'aura pris qu'une couleur de lie-de-vin fort terne , et que le coton n'aura seulement pas perdu son blanc.

On ne sera pas étonné après cela , que la plupart des opérations de la teinture soient fort différentes pour les laines , les soies , les fils et les cotons , et que les gens de l'art qui teignent ces différentes matières , soient partagés en différens corps , ou plutôt embrassent d'eux - mêmes quelqu'un de ces objets en particulier auxquels ils se bornent.

La *teinture en laine*, la *teinture en soie*, et la *teinture en fil et coton*, forment les trois grandes branches de cet art.

Dans la teinture, soit en laine, soit en soie, soit en fil, on compte cinq couleurs primitives, différentes de celles qui sont connues sous ce nom par les physiciens, et dont *Newton* a démontré qu'était composé un seul rayon de lumière. Les cinq couleurs nommées primitives dans la teinture, sont le *bleu*, le *rouge*, le *jaune*, le *fauve* et le *noir*. Chacune de ces couleurs peut produire un très-grand nombre de nuances; et de deux ou de plusieurs de ces différentes nuances, naissent toutes les couleurs qui sont dans la nature, ce qui les a fait

nommer avec raison, pour la teinture, *couleurs primitives.*

Il y a deux manières de teindre les
étoffes. L'une s'appelle teindre en
grand et bon teint ; l'autre, teindre
en faux ou petit teint. La première
consiste à employer des drogues qui
rendent la couleur solide ; la seconde,
au contraire, donne des couleurs plus
passantes, quoiqu'elles soient souvent plus vives et plus brillantes que
celles du bon teint.

Une opération très-essentielle dans
la teinture de la laine, du coton, du
fil et de la soie, est l'emploi de l'*alun*,
quoique les manipulations pour l'appliquer soient différentes. En effet l'*alun*
est un mordant sans lequel les couleurs
ne pourraient s'appliquer sur les matières à teindre, ou du moins n'auraient
ni beauté, ni solidité. Ce sel réunit
deux propriétés admirables, et de la

plus grande importance pour l'art de la teinture. Il rehausse l'éclat d'une infinité de couleurs , et les fixe sur les matières teintes d'une manière solide et durable. L'expérience a appris qu'il est toujours plus avantageux de faire *aluner* les soies dans un bain bien fort d'alun , que dans un bain un peu faible , parce que l'*alunage* étant fort , on est sûr de tirer toujours beaucoup mieux la teinture.

Les teinturiers donnent le bleu aux laines ou aux étoffes de laine , ou avec le *pastel* , ou avec le *vouède* , ou avec l'*indigo*. Le pastel est une plante qui se cultive en Languedoc et dans quelques autres endroits du royaume. Le *vouède* ou *guesde* , est une autre plante que l'on cultive en Normandie, et qu'on y prépare à peu près comme le pastel en Languedoc. A l'égard de l'*indigo* , c'est un suc épaissi qu'on tire par le moyen de l'art d'une plante d'Amérique, nommée *anil* ou *in-digo*.

Les teinturiers en laine distinguent plusieurs sortes de bleu, savoir : bleu blanc, bleu naissant, bleu pâle, bleu mourant, bleu céleste, bleu turquin, bleu de roi, bleu de guesde, etc. Pour donner toutes ces différentes nuances de bleu, lorsque la cuve de pastel, de guesde ou d'indigo est une fois préparée, il n'est plus question, après avoir mouillé les laines ou étoffes, que de les y plonger plus ou moins longtemps, suivant qu'on veut que la couleur soit plus ou moins foncée. On *évente* de temps en temps l'étoffe, c'est-à-dire qu'on la retire de la cuve et qu'on l'exprime, en sorte que le bain retombe dans la cuve.

Le Tisserand.

Le fabricant de Toiles peintes.

L'Art de fabriquer les Bas.

Le Rubanier.

ART DU TISSERAND.

On ne sait, mes enfans, à qui l'on est redevable de l'invention de la toile. Quelques-uns ont prétendu que l'idée en est venue par l'observation du travail de l'araignée, qui tire de sa propre substance des filets presque imperceptibles, dont elle forme avec ses pattes ce merveilleux tissu que l'on appelle vulgairement *toile d'araignée*, et qui lui sert comme de filet ou de piége pour prendre les mouches dont elle se nourrit. Mais sans s'arrêter à tous les raisonnemens plus ou moins vraisemblables qu'on peut former sur ce sujet, il y a lieu de penser, avec M. *Goguet*, que l'idée des tissus à chaînes et à trames a dû venir aux premiers hommes, d'après l'inspection de l'écorce inté-

rieure de certains arbres. On en connaît qui , à la rudesse et à la roideur
près , ressemblent extrêmement à la
toile : les fibres en sont arrangées
l'une sur l'autre de travers , et croisées
presque à angles droits.

Quoi qu'il en soit de son origine ,
cette invention remonte aux siècles
les plus reculés. Il est sûr qu'elle était
en usage avant Abraham. Les Egyptiens furent les premiers qui intro-
duisirent l'usage de travailler assis.
Auparavant les tisserands se tenaient
debout devant leur métier , parce que
les fils de le chaîne étaient tendus per-
pendiculairement de haut en bas ,
comme on travaille aujourd'hui dans
les métiers de haute lisse.

Les toiles se font sur un métier à
deux marches , par le moyen de la
navette , de même que les draps , les
étamines , et autres semblables étoffes
non croisées.

Le métier de tisserand est soutenu sur quatre piliers, et il est composé de trois *ensubles* : on entend par ensubles des espèces de gros et longs cylindres ou rouleaux de bois. La première ensuble, qui est placée au bout du métier opposé à celui où travaille l'ouvrier, porte le fil de chaîne ; la seconde reçoit la toile à mesure que l'ouvrage s'avance ; et la troisième enfin sert de décharge à la seconde, quand elle supporte une trop grande quantité d'ouvrage : les unes et les autres ont leurs tourillons et leurs crans pour les monter, les lâcher ou les arrêter.

Deux règles de bois font la longueur du métier, et trois barres en déterminent la largeur : les piliers de derrière portent deux *chapelles* soutenues sur deux autres petits piliers qui sont appuyés sur les règles. Les *chapelles* sont des morceaux de bois ordinairement carrés , longs de quatre pieds , qui servent à soutenir la *chasse* et le *porte-lame.*

La *chasse* est cette partie du métier suspendue par le haut, au bas de laquelle est attaché le *rot* ou *peigne,* dans les dents duquel les fils de la chaîne sont passés. C'est avec la *chasse* que l'ouvrier frappe le fil de la trame, chaque fois qu'il a lancé la *navette* entre les fils de la chaîne.

Le *fil de la chaîne* est celui qu'on monte sur le métier, et *le fil de la trame* est celui qu'on passe avec la navette au travers de la chaîne.

Le *porte-lame* est une pièce où est suspendue la poulie sur laquelle roule la corde qui tient aux deux *lames.*

Les *lames* sont composées de plusieurs petites cordelettes ou ficelles attachées par haut et par bas à de longues tringles de bois , appelées *liais.* Chacune de ces cordelettes a sa petite boucle dans le milieu , faite de la même ficelle , au travers desquelles sont passés les fils de la chaîne. Les *lames* servent, par le moyen des marches qui sont en bas , à faire hausser et baisser alternativement les fils de la chaîne , entre lesquels on lance la navette pour porter successivement le fil de la trame d'une lisière à l'autre. Les *marches* qui sont attachées à deux traverses de bois, sont des bâtons mobiles attachés par deux cordes au bas de chaque lame.

La *navette* est un petit instrument de buis en forme de navire, dans le milieu duquel le tisserand met sa trame.

Lorsque le métier est monté , et que le tisserand veut travailler , il se place au devant sur une espèce de banc de bois, dont la planche est à demi penchée vers le métier ; en sorte que l'ouvrier reste presque debout.

Il a soin de coller, avec de l'empois, les fils de la chaîne à mesure que l'ouvrage avance.

Pour diriger la largeur de la toile, l'ouvrier se sert d'un instrument appelé *temple*, qui est une petite règle de bois, ayant des dents ou hoches, en forme de crémaillère, et qu'on peut allonger ou raccourcir à l'aide de ses dents : les extrémités en sont hérissées de petites pointes, que l'ouvrier enfonce et arrête dans les lisières de son étoffe : par ce moyen il la tient toujours également large et également tendue ; il déplace le *temple*, et le transporte plus loin, à mesure que l'étoffe avance.

Les principales choses qu'il faut observer pour qu'une toile de chanvre ou de lin soit bien fabriquée, et d'une bonne qualité, sont :

1°. Qu'elle soit bien tissue, c'est-à-dire, bien travaillée, et également frappée sur le métier;

2°. Qu'elle soit faite, ou toute de fil de lin, ou toute de fil de chanvre, sans aucun mélange de l'un ou de l'autre, ni dans la chaîne, ni dans la trame;

3°. Que le fil qu'on y emploie, ou de lin ou de chanvre, ne soit point gâté; qu'il soit d'une égale filure, tant celui qui doit entrer dans le corps de la pièce, que celui dont les lisières doivent être faites;

4°. Que la chaîne soit composée du nombre de fils que la toile doit avoir, par rapport à sa largeur, sa finesse et sa qualité;

5°. Que la toile ne soit point tirée, ni sur sa largeur, ni sur sa longueur;

6°. Qu'elle soit de même force, bonté et finesse au milieu, comme aux deux bouts de la pièce;

7°. Enfin, qu'elle ait le moins

d'apprêts qu'il est possible, c'est-à-dire, ni gomme, ni amidon, ni chaux, ni autres semblables drogues qui puissent couvrir ou ôter la connaissance des défauts de la toile.

ART DE LA FABRICATION
DES TOILES PEINTES.

Arrêtons un moment nos regards sur la fabrication des *toiles peintes.* On appelle ainsi les toiles sur lesquelles, à l'aide de différens moules ou planches de bois, qui sont ordinairement de buis, de houx, de poirier, de tilleul ou de noyer, et au moyen de diverses couleurs on a représenté des ornemens, des fruits, des fleurs, des figures même, et tout ce qu'une imagination féconde peut suggérer.

Dans la description que Pline a
faite des toiles peintes que fabri-
quaient les Egyptiens, il assure que
ce peuple commençait par enduire de
certaines drogues une toile blanche
qu'on jetait dans une chaudière pleine
de teinture bouillante ; qu'après l'y
avoir laissée quelque temps on la re-
tirait peinte de diverses couleurs ,
quoiqu'il n'y eût qu'une sorte de liqueur dans la chaudière ; ce qui ne
pouvait provenir que de la diversité
des mordans dont la toile était en-
duite. Pline ajoute que ces couleurs
étaient si adhérantes qu'aucune lotion
ne pouvait les en séparer, et que ces
toiles s'affermissaient et devenaient
meilleures par la teinture..

Si la préparation dont se servaient
les anciens pour fixer la couleur sur
les étoffes s'est perdue , nous en sommes dédommagés par de nouvelles découvertes qui étant beaucoup plus

sûres et beaucoup plus commodes , ont fait disparaître insensiblement les pratiques anciennes.

Les toiles destinées à être peintes doivent être faites de pur coton , ou de moitié fil et coton : celles de fil pur réussissent moins bien.

Il paraît que la première manufacture de toiles de coton qui ont été peintes en Europe fut établie en Angleterre , où l'on imitait si bien les *perses* et les *indiennes*, qu'on les confondait souvent ensemble. Un Anglais , nommé *Cabannes* , nous apporta cet art en France , où de nos jours il est porté à un très-haut degré de gloire. On ne peut voir sans admiration la belle manufacture que feu M. *Oberkampf* avait établie à Jouy. Cette manufacture est connue de toute l'Europe.

Il y a dans les manufactures de toiles peintes plusieurs ouvriers chargés chacun d'un travail particulier, quoique ces travaux réunis tendent tous au même but; les uns gravent les moules servant à peindre les toiles ; d'autres donnent à ces mêmes toiles les préparations préliminaires qu'elles doivent recevoir (le *cylindrage*); d'autres enfin, appelés *imprimeurs*, les peignent ou les impriment. Il y a aussi dans les manufactures des ouvrières qu'on nomme *pinceauteuses*, qui font au pinceau de petits dessins qu'on n'exécuterait que difficilement à la planche.

Il y a dans chaque manufacture un coloriste en chef qui dirige la préparation et la mixtion des couleurs, et qui a soin de cacher, aux ouvriers eux-mêmes , la plupart des ingrédiens qu'il emploie.

Lorsqu'il est question de peindre la toile , on l'étend sur une table de six pieds de long et d'un pied et demi de large, sur laquelle sont cloués deux tapis de drap ou de serge fine bien tendus , et attachés aux quatre coins de la table avec quatre broquettes, de manière qu'on puisse lever le drap lorsqu'il est sali par la couleur qui passe au travers de la toile en l'imprimant. Il y a des manufactures où l'on se sert de tables de marbre ou de pierres dures, parce qu'elles ne se déjettent pas comme celles de bois, qu'il faut raboter de temps en temps pour les redresser.

Avant de commencer une pièce, l'imprimeur examine si les planches sont *voilées*, *tourmentées* ou *gauches* ; dans ce cas il les fait redevenir droites en les mouillant du côté qui est creux, et en chauffant l'autre côté au soleil ou à un feu doux, et pour lors elles marquent également partout. Il prend garde que les quatre *picots*, ou *points de raccords*, soient dans un

juste carré , sans quoi il ne raccorde-
rait jamais bien son dessin ; et pour
prendre exactement le point du milieu
de sa planche, il se sert d'un compas ,
au moyen duquel il trouve ces quatre
picots à la même distance du milieu.

Le mordant coloré dont on doit se
servir est contenu dans une terrine.
Un ouvrier , qu'on nomme *tireur* ,
prend ce mordant avec une *maniette* ,
et le porte sur un drap emboîté dans
un cercle de bois merrein en forme
de tamis. La maniette est composée
d'un morceau de bois qui lui sert de
manche , et de deux morceaux de
chapeau.

L'imprimeur muni d'une *planche* ,
c'est - à - dire, d'un moule de bois ou
de métal , sur lequel est gravé en
relief le dessin qu'il doit exécuter ,
l'appuie sur le tamis dont je viens de
parler , où le moule prend une suffisante quantité de mordant ; il le pose

ensuite avec précaution sur l'étoffe. Un petit coup donné avec la paume de la main suffit pour appliquer exactement le mordant, dont on reconnaît aisément l'impression à cause de la couleur avec laquelle il est mêlé.

On prend la couleur sur ce drap afin qu'elle pénètre dans tous les endroits nécessaires du moule : on conçoit aisément que si on le prenait sur une table, ou sur quelqu'autre substance qui ne fût point élastique, la couleur ne se distribuerait pas également sur le moule, ce qui ferait une défectuosité pour l'impression.

Dans les toiles dont les ornemens demandent plusieurs couleurs, on fait usage de *contre-planches* gravées sur les mêmes dessins que les planches ; mais de façon qu'elles ne portent le mordant coloré que sur les endroits du dessin réservés par les premières planches. On conçoit bien qu'il est nécessaire que tous ces moules aient des rapports exacts entre eux , sans quoi la couleur ne se trouverait pas contenue dans le trait. Ce défaut se laisse apercevoir dans les toiles communes , à cause de la vitesse avec laquelle on travaille , et du peu de soin qu'on y apporte.

On nomme *imprimeurs - rentreurs* ceux qui travaillent à cette seconde opération. Ils n'impriment que les planches qui *rentrent* dans la première planche d'impression , et qui font toutes les différentes couleurs ; c'est pourquoi on a autant de *rentreurs* qu'on veut imprimer sur la toile de couleurs différentes. Pour que chaque couleur soit calquée d'après le dessin enluminé , on laisse des rapports qui indiquent au *rentreur* où il doit poser sa *rentrure* , afin qu'elle se trouve juste dans les fleurs qu'il doit représenter. Ces rapports se prennent ordinairement sur un bout de feuille ou sur une branche d'arbre , et on fait en sorte qu'il y en ait au moins deux ou trois , afin que la rentrure soit plus juste.

La toile étant imprimée est passée à la rivière, où on la bat ; ensuite on la fait bouillir dans une chaudière pleine d'une teinture convenable. Après cette manœuvre on bat de nouveau la toile à la rivière , et on l'étend sur la prairie , ayant soin de l'arroser souvent pour faire dissiper la teinture qui s'est appliquée sur le fond de la toile, mais qui n'y ayant point trouvé de mordant se dissipe aisément , et ne reste fixe que dans les endroits qui ont reçu l'impression de la planche.

Dans les beaux jours , et lorsque le soleil est ardent , la teinture se dissipe en huit jours de temps ; mais il faut quelquefois un mois et davantage lorsque le temps n'y est pas propre.

La teinture étant dissipée , on bat de nouveau la toile à la rivière , et on l'expose encore à la prairie aux rayons du soleil , pendant quatre ou cinq jours ; on la laisse sécher ; ensuite on la cylindre , et alors elle est prête à être livrée.

Dès que les pièces sont ainsi préparées , on les porte à l'étendage pour les faire bien sécher : plus on les y laisse , plus les couleurs en sont solides et belles.

On doit comprendre , sous le nom de *toiles peintes* et *imprimées* , les *perses* , les *indiennes* , les *anglaises* , et toutes les toiles que les Français , les Hollandais , les Anglais , les Allemands , les Suisses , et les autres nations fabriquent chez elles à l'imitation des toiles de l'Orient. Parmi ces toiles , les unes sont dessinées et peintes à la main , comme nous l'avons dit ; les autres sont imprimées

avec des moules de bois ou de cuivre.
On peut distinguer encore une troisième sorte de toiles peintes qui sont
celles dont le trait seul est imprimé ,
et dont tout l'intérieur des fleurs est
fait au pinceau.

Les toiles qui nous viennent de
Pondichéry , de Masulipatan , et de
plusieurs endroits de la côte de Coro-
mandel , sont travaillées à la plume
et au pinceau. Il nous vient aussi de
très-belles toiles peintes de Bengale ,
de Visapour, etc. Les *perses* sont les
toiles peintes les plus estimées qui
nous viennent de l'Orient. On les
imite en Hollande et en Angleterre :
on pourrait également les imiter en
France , ou même les surpasser par
des batistes , si l'on trouvait l'art de
teindre le fil aussi bien que l'on teint
le coton.

ART DE FABRIQUER LES BAS.

Savez-vous, mes enfans, que les bas, dont tout le monde aujourd'hui fait usage, ne sont pas une invention bien ancienne ?

On appelle aujourd'hui *bas* ce qu'on nommait anciennement *chausses*, et qui est cette partie de l'habillement du pied et de la jambe, qui sert à couvrir leur nudité, et à les garantir de la rigueur du froid.

Autrefois on ne se servait communément en France que de bas ou chausses de drap, ou de quelque étoffe de laine drapée, dont le trafic se faisait à Paris par des espèces d'artisans, qui de là se nommaient *drapiers-chaussetiers*. Depuis que l'on s'est attaché à faire des bas au tricot, et que l'on a trouvé la manière d'en fabriquer sur le métier, avec la soie, le fleuret, la laine, le coton, le poil, le chanvre ou le lin filé, l'usage des bas d'étoffe s'est presqu'entièrement perdu, en sorte qu'aujourd'hui on ne parle presque plus que de *bas au tricot*, ou de *bas au métier*.

Ces sortes de bas, soit au métier, soit au tricot, sont des espèces de tissus formés d'un nombre infini de petits nœuds, ou espèces de bouclettes entrelacées les unes dans les autres, que l'on nomme des *mailles*; ce sont ces ouvrages qui font la principale partie du commerce de la bonneterie.

Les *bas au tricot*, que l'on nomme aussi *bas à l'aiguille* ou *bas brochés*, se font avec de longues et menues aiguilles ou petites broches de fil de fer ou de laiton poli, qui, en se croisant

les unes sur les autres, entrelacent
les fils, et forment les mailles dont
les bas sont composés, ce qui s'appelle *tricoter* ou *brocher* les bas, ou
les travailler à l'*aiguille*.

La maille est une très-belle invention ; mais, dit Pluche, quoique le
travail en soit simple, il est tel cependant que ni la gravure ni aucune
description ne sont propres à le faire
concevoir. Heureusement, ajoute-t-il,
ce travail n'est point rare, et si l'in-
sertion d'une nouvelle maille dans
une autre déjà faite, n'est pas d'abord
facile à bien entendre, on trouve partout des mains prêtes à en montrer
l'assemblage, et des bouches qui
mettent de la netteté dans tout ce
qu'elles disent.

Il serait difficile de pouvoir préci-
sément dire à qui l'on doit l'invention
du tricot. Ceux qui se fondent sur
ce que les premiers ouvrages au tricot

que l'on ait vus en France , venaient
d'Ecosse , prétendent que ce sont les
Ecossais qui en sont les inventeurs.

Les *bas au métier* sont des bas ordinairement très-fins , qui se manu-
facturent par le moyen d'une machine
de fer poli , très-ingénieuse , dont il
n'est pas possible de bien d'écrire la
construction , à cause de la diversité
et du nombre de ses parties , et dont
on ne comprend même le jeu qu'avec
une certaine difficulté quand on l'a
devant les yeux.

Ce métier est une des machines les
plus compliquées et les plus remarquables que nous ayons : on peut la
regarder comme un seul et unique rai-
sonnement dont la fabrication de l'ouvrage est la conclusion. Aussi règne-
t-il entre ses parties une si grande
dépendance , qu'en retrancher une
seule , ou altérer la forme de celles
qu'on juge les moins importantes ,

c'est nuire à tout le mécanisme. Ce qui doit encore beaucoup ajouter à l'admiration, c'est que cette machine est sortie de la main de son inventeur presque dans l'état où nous la voyons. La main d'œuvre est fort peu de chose; la machine fait presque tout d'elle-même ; son mécanisme en est d'autant plus parfait et plus délicat.

On tombe dans l'étonnement à la vue des ressorts presque innombrables dont cette machine est composée, et du grand nombre de ses divers et extraordinaires mouvemens. Combien de petits ressorts tirent la soie à eux, puis la laissent aller pour la reprendre, et la faire passer d'une maille dans l'autre d'une manière inexplicable ; et tout cela sans que l'ouvrier, qui remue la machine, y comprenne rien, en sache rien, et même y songe seulement ! En un clin-d'œil cette machine forme des centaines de mailles à-la-fois, c'est-à-dire, qu'elle fait en un moment tous les divers mouvemens que les mains ne font qu'en plusieurs heures.

Les Anglais se vantent d'en être les inventeurs ; mais c'est en vain qu'ils en veulent ravir la gloire à la France. Tout le monde sait présentement qu'un Français ayant inventé cette surprenante et utile machine, et trouvant quelques difficultés à obtenir un privilége exclusif qu'il demandait pour s'établir à Paris, passa en Angleterre, où sa machine fut admirée, et où il fut lui-même magnifiquement récompensé.

Les Anglais devinrent si jaloux de cette nouvelle invention, qu'il fut longtemps défendu, sous peine de la vie, de transporter hors de leur île aucune machine à fabriquer les bas, ni d'en donner aucun modèle aux étrangers ; mais comme ce fut un Français qui inventa cette belle machine, ce fut aussi un Français qui la rendit à sa patrie, et qui, par un effort prodigieux de mémoire et d'imagination, fit à Paris, au retour d'un voyage à Londres, le premier métier sur lequel ont été faits tous les autres qui sont en France, en Hollande, et presque partout ailleurs.

On dit qu'Henri II fut le premier de son royaume qui commença à porter des bas de soie.

La première manufacture de *bas au métier*, qui se soit vue en France, fut établie en 1656 dans le château de Madrid, au bois de Boulogne, près de Paris, sous la direction du sieur *Jean Hindret*.

Aujourd'hui on compte qu'il y a à Paris deux mille cinq cents métiers à bas; treize cents à Lyon, et quatre mille cinq cents à Nîmes, sans compter ceux qui sont répandus dans toutes les autres villes du royaume.

ART DU RUBANIER.

Voulez-vous, mes enfans, vous faire une juste idée des merveilles de l'industrie ? ne vous contentez pas de lire cette *Petite école des Arts et Métiers*; visitez les manufactures; faites-vous conduire dans les ateliers divers où se fabriquent les différentes étoffes, les différens tissus qui servent à l'habillement de l'homme. L'inspection des machines, une conversation avec les ouvriers intelligens qui les font mouvoir, vous donneront des idées plus claires des différens arts, que toutes les descriptions de l'Encyclopédie.

Le *rubanier* est celui qui fabrique des tissus très-minces, d'or, d'argent, de soie, de laine, de fil, pour servir à divers usages.

Le ruban, de quelque espèce qu'il soit, peut être considéré comme une pièce d'étoffe qui ne diffère des pièces d'étoffes ordinaires, que parce qu'elle est beaucoup plus étroite. On en varie à l'infini les façons, les couleurs et les dessins, suivant les caprices de la mode ou les différens goûts du consommateur, du marchand ou du fabricant.

Les rubans d'or, d'argent et de soie, sont employés pour l'ornement des coiffures et des habits des femmes. Ceux de bourre de soie qu'on appelle *padoux*, s'emploient par les tailleurs, couturiers, etc., et les rubans de laine et de fil par les tapissiers, selliers, et autres semblables ouvriers.

Les rubans ouvragés se tissent avec la navette sur le métier, comme les étoffes d'or , d'argent ou de soie. A l'égard des rubans unis , ils se fabriquent à peu près comme la toile.

Le métier sur lequel travaillent les rubaniers , est plus ou moins composé selon les ouvrages qu'on veut y faire. Les métiers pour les rubans simples sont moins compliqués que ceux qui sont destinés pour faire les rubans façonnés ; et ceux-ci le sont moins que ceux sur lesquels on fait des galons et des tissus d'or et d'argent.

Une planche , représentant le rubanier à son travail , vous fera mieux comprendre le mécanisme de son art, qu'une description ne pourrait le faire.

Le métier étant monté , l'ouvrier s'y tient presque debout sur une espèce de banc de trois pieds de haut , dont le siége est à demi penché vers le métier. Il appuie sa poitrine sur la traverse du milieu , qui a pris le nom de *poitrinière;* mais comme sa situation est extrêmement contrainte , et qu'il tomberait sur le devant, il passe ses bras entre deux sortes de bretelles de lisière de drap , pour se soutenir. Ces bretelles sont attachées d'un bout à la traverse d'en haut , et de l'autre à la poitrinière.

Les rubans de pure soie ne se teignent jamais après qu'ils sont faits ; ainsi les soies de quelques couleurs qu'on veuille les avoir, dans les rubans , doivent avoir été teintes avant de les employer sur le métier.

Les rubans d'or et d'argent se fabriquent principalement à Paris et à Lyon. Ceux de soie se font à Paris , à Lyon et à Tours. On en fabrique aussi beaucoup à Saint-Etienne en Forez , et à Saint-Chamond, petite ville du Lyonnais , peu éloignée de Saint-Etienne.

La principale fabrique de rubans

de laine est en Picardie, et surtout à Amiens, chef-lieu du département de la Somme. On en fabrique néanmoins une assez grande quantité à Rouen et aux environs. Les rubans appelés *padoux*, qui, comme je l'ai dit, sont faits de fleuret, de filoselle ou bourre de soie, se fabriquent, pour la plupart, aux environs de Lyon, et en quelques autres lieux. Saint-Chamond et Saint-Etienne en fournissent beaucoup au commerce. Les marchands merciers de Paris, tirent le ruban de fil, nommé aussi *rouleau*, des manufactures d'Ambert, en Auvergne, où il se fait plus parfait que partout ailleurs. Ceux qui se fabriquent chez l'étranger nous viennent par la Hollande et la Flandre.

La Couturiere.

Le Tailleur.

Le Boutonnier.

L'Epinglier.

ART DE LA COUTURE.

Les *ciseaux*, l'*aiguille* et le *dé*, voilà tout l'appareil des ouvriers qui mettent les étoffes en œuvre, et qui forment des habillemens et des meubles si précieux.

L'artifice des *ciseaux* se réduit à assembler deux leviers tranchans, et croisant l'un sur l'autre en forme d'X, par un clou rivé qui en est le point d'appui. La force des tranchans augmente d'une part à proportion de la proximité de ce point, et d'une autre part elle augmente en raison de la longueur ou de la masse des anneaux qui servent à manier l'instrument.

Le *dé* et l'*aiguille* sont encore plus simples.

La plus petite de nos monnaies est

un prix trop fort pour l'achat d'une aiguille. On peut en être surpris, quand on considère par combien de mains cette aiguille a passé avant d'arriver dans celles de la couturière.

En premier lieu cette aiguille est un bout de fer épuré, qui a été battu sur l'enclume, et converti en un cylindre grossier, puis passé à la filière, jusqu'à devenir, si l'on veut, imperceptible. Ce fil d'acier est ensuite coupé et *palmé*, c'est-à-dire applati à deux faces vers l'un de ses bouts, puis percé sur un enclume avec un poinçon qu'on y frappe des deux côtés. Un autre ouvrier *troque* cette aiguille, c'est-à-dire, qu'avec un nouveau poinçon, il fait partir la petite pièce de fer qui restait encore engagée dans le trou. L'aiguille est remise à un autre ouvrier qui l'*évide* ou en arrondit la tête à coups de lime. C'est une autre lime qui la *pointe*. C'en est une troisième

qui lui donne la *cannelure*, ou qui
pratique des deux parts un enfonce-
ment sur le plat de l'aiguille pour y
coucher le fil. C'est une quatrième
lime qui en rectifie les inégalités, ce
qu'on appelle *dresser de lime*. L'aiguille est remise au feu, sur un fer
plat, pour être, avec bien des compagnes, jetée dans l'eau froide et
durcie à *la trempe*. Elle retourne pour
la huitième et dixième fois au feu, et
revient de la forge sur l'enclume, où
elle achève d'être *dressée au marteau*.

Jusqu'ici elle est brute et couverte
de rouille. On l'associe à douze ou
quinze milliers d'autres aiguilles qui
sont rangées côte à côte et bout à bout
dans une toile de treillis, dont on fait
un rouleau, après les avoir arrosées
d'huile d'olive, et poudrées de fin
émeril, qui est une pierre très-dure
qu'on trouve dans les mines, et qu'on
réduit en une poudre impalpable pour

polir les métaux. Ce rouleau , bien ficelé , va et vient deux jours de suite entre une table polie et un madrier (grosse planche) pesamment chargé , que deux hommes poussent et repoussent , à moins que leurs bras ne soient remplacés par une machine. Cette longue agitation des aiguilles y cause un frottement mutuel , qui les *polit* parfaitement par la continuité de l'action.

Au sortir du *polissoir* on les *lessive* à l'eau chaude et au savon, pour les nettoyer du cambouis qui les encrasse. De la lessive elles vont à *la boîte* , où elles sont décrassées , *vannées* , et secouées dans du son qu'on change à deux ou trois reprises. On les *détourne* par le rebut de celles qui sont rompues ou écaillées , ou autrement défectueuses , et par l'assemblage des bonnes , dont on joint les têtes d'un même côté. Toutes vont en dernière

opération à l'*affinage* , en couchant
leur pointe sur une pierre d'émeril
que le rouet fait tourner. Tels sont
les nombreux préparatifs du faible
instrument auquel nous devons les
secours inestimables de la couture ,
et les ornemens de la broderie.

La plupart des manufactures sont
redevables de leurs principaux gains
à cette méthode de distribuer les différentes façons d'un même ouvrage
entre différens ouvriers , et d'assigner
à chaque ouvrier un travail unique ,
et perpétuellement le même. Il ne va
point chercher son ouvrage ; c'est
l'ouvrage qui le vient trouver. Il ne
change ni de place ni d'instrumens.
Tout se ferait mal , tout se ferait len-
tement et à grands frais , s'il fallait
qu'une même main exécutât tout , et
prît d'un moment à l'autre un nouvel
outil, avec une nouvelle façon d'opé-
rer.

ART DU TAILLEUR.

Vous savez, mes enfans, quels sont les travaux du *tailleur d'habits*. Vous savez que cet ouvrier taille, coud, fait et vend des vêtemens et habits pour hommes.

Les peaux dont se couvrirent les premiers hommes, étaient par elles-mêmes peu propres à vêtir le corps exactement et commodément. Il a donc fallu trouver l'art de les ajuster, et d'en réunir plusieurs ensemble. Pour cela il fallait du fil, et la fabrique du fil fut ignorée pendant longtemps. On peut juger par les moyens qu'emploient aujourd'hui plusieurs peuples, de ceux qu'on aura employés originairement. Les habits des peuples du Groënland, sont cousus avec des boyaux de chiens marins ou d'autres poissons , qu'ils ont l'adresse de couper très-minces après les avoir fait sécher à l'air. Les sauvages de l'Amérique et de l'Afrique emploient au même usage les nerfs des animaux. On en aura usé de même dans les premiers temps. A l'égard des instrumens propres à coudre les vêtemens , les os pointus , les arêtes et les épines auront tenu lieu dans les commencemens , des alènes , des aiguilles et des épingles dont nous nous servons aujourd'hui. Les anciens habitans du Pérou , qu'on peut regarder à bien des égards comme une nation très-éclairée , ne connaissaient ni les aiguilles ni les épingles ; ils se servaient de longues épines pour coudre et attacher leurs habits.

Les hommes étant parvenus à préparer les laines , et après bien des essais à en faire des draps , l'art de les tailler , de les assembler, s'est aussi perfectionné. Le tailleur a le talent de les couper, et de les assembler de manière qu'ils prennent bien la forme du corps.

Personne n'ignore que pour faire un habit, la mesure du corps de celui pour qui on le destine, est le premier objet qui doit occuper le tailleur.

Muni d'une bande de papier en double, suffisamment longue, et d'une paire de ciseaux, il commence par prendre la mesure des écarrures du dos, c'est-à-dire, depuis le milieu de la taille jusqu'à la couture des manches ; ensuite celle de la longueur de la taille jusqu'à l'extrémité inférieure de l'habit; après quoi il mesure la distance qui doit se trouver depuis les écarrures jusqu'aux coudes, ensuite la grosseur de la manche (qui forme presque chez tous les hommes la largeur des écarrures). Après ces différentes opérations , il mesure la longueur de la manche , ensuite la largeur de la poitrine , la longueur des devants de l'habit , le diamètre du corps près de l'estomac et du bas ventre.

Quant à la façon de prendre la mesure de la veste , elle est fort courte : on ne prend que la longueur de la taille , et celle des devants.

Pour la culotte , on mesure la longueur de la cuisse , la grosseur du haut , du milieu , de l'extrémité près du genou , et la largeur de la ceinture.

Le tailleur marque toutes ces proportions en faisant , avec des ciseaux, sur sa mesure de papier , diverses entailles qui dirigent ses manœuvres lorsqu'il est question de couper l'habit.

L'ordre qu'il suit , en taillant un habit dans une pièce d'étoffe, est de

commencer par en couper les derrières , les devants et les manches : ensuite les derrières et les devants de
la veste , ses manches , si elle en a ,
et la culotte.

Pour cet effet le tailleur étale , sur
sa table , l'étoffe qu'il veut couper ;
et comme toutes les pièces qui composent un habit , ainsi que la doublure , doivent être doubles pour être
employées , l'une du côté droit , et
l'autre du côté gauche , il met son
étoffe en double pour *tailler* les deux
morceaux à la fois ; applique un *pa-*
tron , ou la mesure qu'il a prise , et
coupe ensuite avec de gros ciseaux
faits exprès. Il a aussi soin , en cou-
pant les pièces , de leur donner l'ampleur nécessaire , afin que de tous les
morceaux cousus et joints ensemble ,
il en forme un tout de la longueur et
de la largeur qu'on lui a prescrite.

Pour la culotte , on commence par

en couper les devants, ensuite les derrières et la ceinture.

Quand l'habit est coupé, on met les droits fils, c'est-à-dire, qu'on coud un morceau de toile sur les côtés pour soutenir le drap : ensuite on met du *bougran* dans les devants, derrières, et pattes des poches (les *bougrans* sont de grosses toiles de chanvre gommées, calandrées et teintes de diverses couleurs) ; puis on marque, on fait les boutonnières, et on les passe à la *craquette*.

La *craquette* est un morceau de fer long d'environ quatre pouces, au mi-lieu duquel est pratiquée une petite rainure, dans laquelle on place la boutonnière, et par le moyen du car-reau qu'on passe au milieu de la bou-tonnière dans cette rainure, on la relève davantage, et elle en a plus d'éclat.

Après cette opération on perce les

poches; on attache les pattes; on coud les poches, ensuite on passe l'habit au carreau. On le double ; on attache les boutons ; on le rabat, c'est-à-dire, qu'on coud la doublure, et on l'*assemble*.

Pour *assembler* l'habit, on coud d'abord les deux derrières ensemble; ensuite on joint aux deux derrières le devant où sont les boutonnières, et ensuite celui où sont les boutons. On coud les épaulettes, le bord du col et les manches ; enfin on plisse l'habit; on l'arrondit avec des ciseaux; on arrête les plis, et on l'unit au carreau.

Les opérations pour la veste sont absolument les mêmes.

Quant à la culotte, on commence par faire la couture des entre-cuisses. Ensuite on coud les jarretières et les poches. On assemble les côtés ; on monte la ceinture ; on fait les boutonnières avant de doubler ou après ; enfin on attache les boutons , le bout et la boucle.

Vous voyez que la main-d'œuvre du tailleur consiste principalement à tracer , couper et coudre ; mais comme il chiffonne un peu les endroits qu'il travaille , il est obligé de remettre l'étoffe dans son premier lustre , et de faire une espèce de repassage avec le *carreau* , la *craquette* , le *billot* , le *passe-carreau* et le *patira*.

Le *carreau* qui est un fer plus grand, et du double plus épais qu'un fer à repasser , s'emploie toujours chaud , de manière cependant à ne pas roussir l'étoffe. La *craquette* sert à unir et relever le côté des boutonnières. Le *billot*, morceau de bois de quatre pouces d'épaisseur , de six de hauteur, et de neuf à dix de longueur , est pour applatir les coutures tournantes. Le *passe-carreau* , deux fois plus long que le billot , est pour applatir les coutures droits et longues. Le *patira* qui a environ un pied et demi en carré , et qui est fait avec de grosses lisières de drap , sert à unir , avec le carreau , les galons qui sont cousus , en mettant du papier entre le galon et le patira.

ART DU BOUTONNIER.

Cet art est comme une dépendance du précédent. Cependant il mérite que nous lui consacrions un petit article particulier.

Le *boutonnier* fait et vend des boutons et autres choses qui servent à la garniture des habits.

Le *bouton* est une attache ronde , applatie par dessous , et souvent par dessus , qui sert à joindre les deux côtés d'un vêtement , que l'on veut attacher , selon que l'on en a besoin.

Il se fait des boutons de plusieurs grosseurs , façons et matières , d'or et d'argent , filés , de soie , de poil de chèvre , fil de lin ou de chanvre , etc.

La mode fait varier d'année en année la forme des boutons , comme celle des vêtemens.

Tous ces boutons , de mille formes différentes , se débitent à la grosse ou à la douzaine , et font partie du négoce des marchands merciers.

Le boutonnier en métal se sert d'un emporte pièce pour couper dans un morceau de métal de quoi faire le bouton. On lui donne , à l'aide d'un outil, la forme convenable. On fait fondre ensuite du mastic dans les calottes des boutons , et on les remet sur des moules de bois.

Les boutonniers font aussi d'autres

boutons qui sont à jour, et entièrement de métal.

ART DE L'ÉPINGLIER.

J'ai voulu, mes enfans, consacrer un article à l'*art de fabriquer les épingles*. J'imagine que vous le lirez avec intérêt.

Une épingle est un bout de fil de laiton tiré à la filière, coupé d'une certaine longueur, qui a une tête d'un côté et une pointe de l'autre. Son usage est d'attacher des habits, du linge, des coiffures, sans les endommager. Les femmes en consomment une grande quantité pour leurs ajustemens. La perfection d'une épingle exige bien des opérations, et la célérité avec laquelle elles s'exécutent est surprenante.

Quoique de tous les ouvrages mécaniques l'épingle soit le plus mince ,
le plus commun et le moins précieux,
c'est peut-être celui qui demande le
plus de combinaison : tant il est vrai
que l'art, ainsi que la nature, étale ses
prodiges dans les plus petits objets ,
et que l'industrie est aussi bornée dans
ses vues qu'elle est admirable dans ses
ressources. Qui s'imaginerait qu'une
épingle éprouve dix-huit opérations
avant d'entrer dans le commerce !

On commence par jaunir le fil de
laiton , qui vient tout noir de la forge,
et qui est en *torques* ou paquets faits
comme un collier. On tire ensuite ce
fil à la bobille , on le dresse, on coupe
la dressée , on empointe , on repasse,
on recoupe les tronçons , on tourne
les têtes , on coupe les têtes , on
amollit les têtes , on frappe les têtes ,
on jaunit les têtes qui ont été noir-
cies au feu , on blanchit les épingles ,

on les étame, on les sèche, on les vanne, on pique les papiers et on *boute* les épingles, c'est-à-dire, qu'on les place dans le papier.

Les épingliers achètent le laiton en botte. Ils le passent à la filière pour lui donner la grosseur que doit avoir l'épingle ; ils le *décapent*, c'est-à-dire, qu'ils le nettoient avec du tartre, le fil de laiton étant toujours sale lorsqu'on le livre aux ouvriers. On fait aussi des épingles avec du fil de fer, mais qui sont de moindre prix, et moins estimées que celles de fil de laiton.

Le fil de laiton étant décrassé, tiré par la filière, recuit à un feu de bois, trempé dans l'eau, rendu à sa couleur, on le *dresse*, c'est-à-dire, qu'on divise chaque pièce en brins longs de plusieurs pieds, qu'on rend le plus droits qu'il est possible. On se sert pour cela d'un instrument appelé *engin*. Un dresseur peut dresser dans un jour assez de fil pour cent vingt milliers d'épingles.

La botte de *dressées* étant faite, on la *coupe* en tronçons, dont chaque brin doit fournir quatre ou cinq épingles. Selon le numéro dont on le veut, c'est le moule qui règle leur longueur. Ce moule est composé d'une planchette qui a un rebord le long de ses côtés, et près d'un de ses bouts une lame de fer verticale. Le *coupeur* jette ensuite les tronçons coupés dans une jatte de bois qui est auprès de lui.

Les tronçons étant *coupés*, un ouvrier, qu'on nomme l'*empointeur*, leur fait une pointe à chaque bout sur une meule de fer hérissée de hachures dans toute sa circonférence. Ces meules ont environ un pouce ou deux d'épaisseur et quatre de diamètre. Elles sont montées comme celles des couteliers, et on les fait mouvoir de même par le moyen d'une grande roue de bois. L'essieu de la meule est de fer, et terminé par deux pivots. Dans le temps qu'un autre ouvrier tourne la manivelle de la grande roue, l'*empointeur* est assis sur un coussin ou à terre, devant la grande meule, les jambes croisées. Il y a deux jattes à ses côtés, une dans laquelle il a les tronçons à *empointer*, et l'autre où il met ceux auxquels il a fait des pointes. Il prend dans la première environ autant de tronçons qu'il en faut pour égaler la longueur des deux tiers de l'épaisseur de la meule avec les tronçons couchés les uns auprès des autres, et les étale ainsi sur la meule. Pendant qu'ils la touchent, le pouce de sa main droite remue continuellement; il va de gauche à droite et revient de droite à gauche. L'adresse consiste à rendre les pointes rondes et également longues. Cette opération se fait en

très-peu de temps. Un bon *empoin-*
teur fait les pointes dans un jour à
soixante et douze milliers d'épingles.

Mais tout n'est pas fait encore. Un
second empointeur prend ensuite les
mêmes troncs, et les passe comme le
premier sur une meule montée de la
même manière. Toute la différence
qu'il y a entre l'une et l'autre, c'est
que cette dernière a les taillans plus
fins, les hachures moins larges et
moins profondes, et qu'elle rend par
conséquent les pointes plus fines,
plus polies et plus douces. On appelle
l'ouvrier qui leur donne cette perfection le *repasseur.* Dans ces deux opérations, les épingles sont *empointées*
des deux bouts; mais on s'imagine
bien que les deux pointes d'un tron-
çon doivent être les pointes de deux
épingles différentes; aussi coupe-t-on
ces deux longueurs d'épingle. C'est
un ouvrier appelé *coupeur de hauses*

qui est chargé de cette opération,
parce qu'une épingle à laquelle il
manque la tête est appelée *hause*. Un
coupeur de *hauses* peut en couper dans
un jour environ cent quatre-vingt-dix
milliers.

Il s'agit ensuite de faire les têtes
des épingles. Chaque tête est composée de deux tours de fil de laiton
tourné en spirale. On se sert pour
cette opération de rouets qui se nomment *tours à têtes*. L'ouvrier qui en
est chargé est appelé *coupeur de têtes*.
Son travail demande de l'adresse et
beaucoup d'exercice. Un habile coupeur peut couper dans un jour cent
quarante-quatre milliers de têtes d'é-
pingle.

Lorsque les têtes sont coupées, il
faut les mettre au bout des épingles; et
les frapper de façon qu'elles y soient
comme soudées, et qu'elles aient de
la rondeur. On se sert pour cela d'une

machine appelée l'*entêtoir*. L'ouvrier appelé l'*entêteur* est assis vis-à-vis d'un enclume, ayant les coudes appuyés et un pied posé sur la marche. Un billot est pour lui une table sur laquelle sont deux espèces de boites de carton, l'une contient les *hauses* et l'autre les *têtes*. L'*entêteur* prend une hause de la main gauche, il en pousse la pointe au hasard dans le tas des têtes, et il ne manque guère d'en enfiler une. La main droite pose aussitôt la tête dans le creux de l'enclume et tire ensuite l'épingle à elle jusqu'à ce que la tête soit ajustée, et un poinçon que le pied de l'ouvrier tenait élevé vient frapper la tête. Il l'élève et le laisse tomber quatre ou cinq fois de suite. Il retourne l'épingle à chaque fois avec sa main droite, afin qu'elle soit frappée de différens côtés; et alors il met l'épingle entêtée dans un troisième carton. Un ouvrier *entête* communément huit à neuf milliers d'épingles dans un jour.

On ne laisse guère aux épingles leur couleur jaune. On les blanchit presque toutes (excepté celles des plus grosses sortes), non seulement pour les embellir, mais encore parce que le cuivre laisse toujours une mauvaise odeur aux mains et qu'il est sujet au vert-de-gris. Pour les blanchir on commence d'abord par les décrassser. On fait bouillir de l'eau dans une livre de gravelle rouge, et on jette cette eau toute bouillante dans un baquet de bois où sont les épingles. Ce baquet est suspendu par une chaîne à hauteur d'appui. Un ouvrier l'agite pendant environ une heure. Les frottemens que les épingles y essuyent les rendent plus jaunes et plus brillantes : pour lors elles sont en état d'être blanchies.

Le Brodeur.

La Dentelle

Le Blanchiment des Toiles

Le Dégraisseur.

ART DU BRODEUR.

Le brodeur embellit les étoffes en les ornant d'ouvrages de broderie. Son art est plus ancien que beaucoup d'autres. Nous lisons dans l'écriture sainte que Dieu ordonna aux Juifs d'enrichir de broderie l'arche et les étoffes du temple.

On ne croit pas que la broderie en *mousseline* remonte aussi haut. Elle est une imitation de la dentelle.

Quand on veut broder des étoffes on les étend sur un métier. Plus elles sont tendues, et mieux on les travaille. La mousseline se tient ordinairement à la main sur un patron dessiné, et les traits du dessin se remplissent de feuilles, de *piqué* et de *coulé*. On appelle *piqué* les points qu'on fait l'un devant l'autre sans mesurer ni compter les fils, et qu'on répète à côté l'un de l'autre, jusqu'à ce que la feuille ou tel autre ornement en soit rempli. Pour faire un beau *piqué* il faut que les points soient durs et égaux en hauteur. Le *coulé* est un assemblage de deux points faits séparément sur une même ligne, en observant de porter l'aiguille au second point à l'endroit d'où elle est sortie dans le premier. On forme les fleurs de différens points à jour, au choix de l'ouvrière, selon qu'elle pense qu'il résultera un plus bel effet d'un tel point que d'un autre.

La *broderie au métier* est moins longue que celle qui se fait à la main, mais aussi cette dernière est plus riche en points et beaucoup plus susceptible de variété.

Les toiles trop frappées ne sont pas propres à ces ornemens. Les mousselines même qu'on y emploie doivent être simples ; les doubles deviennent inutiles à la broderie , à cause de leur tissure trop pressée et trop pleine.

Il y a encore ce qu'on appelle des *broderies à deux endroits* ou qui paraissent des deux côtés. On ne peut les faire que sur des étoffes légères qui n'ont point d'envers, comme les taffetas, les gazes , les mousselines et les rubans.

Les orientaux ont deux sortes de broderies , l'une au *tamis*, l'autre à *points recouverts*. Toutes les deux sont très-agréables et soutiennent parfaitement bien le lavage. Une seule ouvrière peut en un mois de temps broder une robe au tamis.

Il y a plusieurs sortes de broderies pour les étoffes. La *broderie appliquée* est celle que l'on fait sur de la grosse toile, que l'on découpe ensuite et que l'on applique sur les étoffes qui doivent recevoir cet ornement. La *broderie en couchure* est celle dont l'or et l'argent sont couchés sur le dessin , et cousus avec de la soie de la même couleur. La *broderie en guipure* se fait en or ou en argent. On dessine sur l'étoffe ; ensuite on met du vélin découpé, puis on coud l'or ou l'argent dessus avec de la soie. La *broderie passée* est celle qui paraît des deux côtés de l'étoffe. La *broderie plate* est celle dont les figures sont plates et garnies quelquefois de frisures , paillettes et autres ornemens.

On brode aussi en chenille et en soie. Le métier sur lequel s'exécutent les différentes broderies dont je viens de parler est composé de deux ensubles *coutissées* , c'est-à-dire, garnies d'une bande de grosse toile à laquelle on coud l'étoffe qu'on veut broder. Deux lattes ou règles de bois percées de plusieurs trous, traversent les deux

ensubles aux deux extrémités, et servent, au moyen d'un grand clou
qu'on plante dans un des trous des
lattes, à tendre plus ou moins l'étoffe
et à l'assujettir dans un degré de ten-
sion convenable pendant le travail.

Le mot de broderie s'entend aussi
d'un fil ou coton que l'on passe dans
la mousseline, selon le dessin que
l'on veut broder. On brode à présent
d'une nouvelle façon. On se sert d'une
espèce de *tambour* sur lequel la mousseline est tendue, et de certaines aiguilles crochues avec lesquelles on
attire le coton d'un côté à l'autre. On
a rapporté du Levant cette dernière
méthode, qui est aujourd'hui très-
répandue.

ART DE FABRIQUER LA DENTELLE.

Voici un de ces arts qui sont nés du luxe, et qui ne peuvent exister qu'au sein des nations les plus civilisées.

La *dentelle* ou *passement* est un ouvrage très-délicat, composé de fils de lin ou de soie, même d'or et d'argent fin ou faux, entrelacés les uns dans les autres. Elle se travaille sur un oreiller avec des fuseaux, en suivant les points ou piqûres d'un dessin ou patron, par le moyen de plusieurs épingles qui se placent et se déplacent à mesure qu'on fait agir les fuseaux sur lesquels les fils sont dévidés.

L'oreiller ou coussin étant placé sur

les genoux , et en état de recevoir le travail , on procède à l'opération la plus difficile de la dentelle , qui est de *piquer* ou tracer sur le vélin , par des trous faits avec une épingle figure de tous les points d'appui qui sont dans le dessin qu'on a couché au-dessus , afin que lorsqu'on travaillera à remplir ce dessin , on forme les mêmes compartimens en faisant les mêmes points d'appui.

On fait quelquefois dans une dentelle d'autres trous que ceux qui marquent les points d'appui ; mais comme les points qu'indiquent ces trous ne sont point sujets à une forme régulière , qu'on peut les laisser à jour , ou couper leur espace de différentes façons , il n'est pas nécessaire de les marquer sur le dessin piqué , à moins qu'eux-mêmes n'aient besoin de point d'appui , ce qui n'arrive que dans les dentelles d'une extrême largeur.

Après qu'on a compté les points d'appui qui sont marqués sur le dessin, on sait bientôt combien il faut de fuseaux. Pour attacher le premier fuseau, on met sur le coussin une grosse épingle, autour de laquelle on passe deux ou trois fois le fil du fuseau, avec lequel on forme une boucle au quatrième tour, et qu'on serre fortement afin que le point ne se défasse pas, et que le fuseau y soit suspendu; on continue ainsi jusqu'à ce que tous les fuseaux soient attachés, et on place ensuite le patron, qui est couvert de la dentelle qu'on doit imiter, derrière la rangée d'épingles qui suspend les fuseaux.

Tout étant ainsi disposé, on commence le jeu des fuseaux en séparant les huit premiers à gauche, et en les faisant travailler comme s'il n'y en avait que quatre; on jette le second fuseau sur le premier, le quatrième

sur le troisième, le second sur le troisième ; on recommence de la même
façon, employant les fuseaux de deux
en deux, à faire ce que les ouvriers
nomment une *dresse à huit*, ou *emploi de huit fuseaux* : lorsque les
fuseaux ne s'emploient qu'un à un,
on fait une *dresse à deux*.

Quand les dresses sont faites on les
arrête par un *point ordinaire*, un *point
jeté* ou un *point de coutume*. Le *point
ordinaire* se fait en nouant ensemble
le fil des quatre premiers fuseaux. Le
point jeté se fait en prenant les fuseaux de quatre en quatre, les tor-
dant de deux en deux, faisant un point;
les retordant de deux en deux, et faisant
encore un point. Le *point de coutume*
ou *point commun*, s'exécute en prenant la *dresse* en sens contraire, et en
allant de droite à gauche, après avoir
été de gauche à droite, et en laissant

deux fuseaux qui servent à enfermer les épingles.

Il y a des dentelles qu'on exécute à l'aiguille, et qui portent le nom de *point*. Si quelquefois on exécute les fonds aux fuseaux, ce qui donne au point une qualité inférieure, les fleurs sont néanmoins toujours faites à l'aiguille : ainsi il y a deux sortes de *réseaux* dans cette dentelle de point, le réseau à l'aiguille et le réseau fait au fuseau. Le *point de Bruxelles* est la première de toutes les dentelles et la plus chère, parce qu'elle exige un travail plus long, plus recherché, qui rend la main-d'œuvre extrême-ment coûteuse. Le *point d'Alençon* s'exécute à l'aiguille, comme celui de Bruxelles, mais il lui est inférieur pour le goût et la délicatesse de l'exécution. Cette dentelle n'a pas d'ailleurs cette solidité que l'on exige pour la perfection de l'ouvrage ; elle pèche surtout par le cordon des fleurs qui est fort gros , et qui grossit encore à l'eau , et emporte la dentelle.

Les Anglais sont parvenus à imiter , quoique très-imparfaitement la dentelle de Bruxelles. Le *point d'Angleterre* est fabriqué au fuseau dans le goût de la dentelle de Bruxelles pour le dessin ; mais le cordon , ou la bordure de fleurs , n'a pas de solidité ; ces fleurs se détachent très-promptement des fonds qui ne sont pas solides. Les fabricans anglais , pour favoriser les premiers essais de leur manufacture , achetèrent beaucoup de dentelles de Bruxelles, qu'ils vendirent sous le nom de *point d'Angleterre*.

Les dentelles de soie portent aussi le nom de *blondes*.

ART DU BLANCHISSEUR DE TOILES.

Il faut distinguer, mes enfans, l'art *du blanchisseur de toiles* d'avec celui de la *blanchisseuse*, qui, pour ôter les tâches du linge ou le décrasser, le lave sur les bords des ruisseaux, ou dans des bateaux sur les rivières, après l'avoir lessivé ou savonné.

L'art du blanchisseur consiste à faire perdre aux toiles la couleur jaune, sale ou grise qu'elles ont au sortir des mains du tisserand : on nomme *blanchisserie* le lieu où se fait cette opération.

Les toiles reçoivent bien des façons différentes avant qu'on puisse les porter au marché : elles occupent conséquemment beaucoup de mains. La manière de les gouverner dans les blan-

chisseries est le point le plus important.
C'est de là que dépendent leurs qualités essentielles , qui sont la blancheur et la force.

Il y a tout lieu de croire qu'on a
découvert de bonne heure , dans les
climats chauds , que le soleil et la
rosée ou les fréquens arrosemens pou-
vaient blanchir la toile. Cette méthode
est certainement la plus ancienne que
l'on connaisse : on en fait encore usage
dans les Indes orientales. Il y en a
deux autres plus généralement usi-
tées , la Hollandaise et l'Irlandaise ;
tous les blanchisseurs suivent à présent l'une ou l'autre.

Les habiles blanchisseurs suivent
la première méthode quand ils ont des
toiles fines à blanchir ; mais quand
ils n'en ont que de grossières , ils
ont recours à la seconde , à cause de
son bon marché , ou à une autre qui
en approche beaucoup.

11*

Sans entrer dans le long détail des différentes lessives plus ou moins compliquées, par lesquelles on fait passer le linge, soit que l'on suive l'une ou l'autre de ces méthodes, il nous suffira de dire que tout l'art du blanchiment des toiles se réduit à employer, *premièrement*, des matières susceptibles de fermenter, qui mettent la toile elle-même dans un état de fermentation. Ce mouvement intestin tend à détacher la matière colorante de la toile ;

Secondement, les lessives alkalines qui, trouvant la toile dans cette disposition, se combinent avec cette même substance colorante de la toile, et la rendent soluble dans l'eau ;

Troisièmement, l'acide que l'on introduit dans la toile, immédiatement après qu'elle a déjà acquis un certain degré de blancheur, et qui joint à l'action combinée de l'air et

de l'eau , achève de la blanchir entièrement. Cet effet vient de l'acide
qui travaille perpétuellement sur la
matière colorante , et qui la détruit.

On fait aussi beaucoup de cas du
blanchissage des toiles fines qu'on
fait en Picardie , aux environs de
Saint-Quentin.

On commence par les mettre tremper dans l'eau claire pendant l'espace
d'un jour , pour les bien laver et nettoyer de toutes leurs ordures ; on les
retire ensuite de cette eau pour les
jeter dans un cuvier rempli d'une
lessive froide qui a déjà servi.

On les lave de nouveau dans l'eau
claire après cette lessive ; on les étend
sur un pré , où , par le moyen de
pelles de bois creuses , à longs manches , on les arrose d'une eau claire
qu'on puise dans de petits canaux
pratiqués dans la prairie.

Après un certain temps qu'elles y

ont demeuré étendues , on les fait passer à une lessive neuve, qu'on fait couler toute chaude , et qu'on prépare différemment , suivant les toiles.

Après cette seconde lessive , on les lave encore dans l'eau claire , on les remet sur le pré , et on réitère ces opérations jusqu'à ce que les toiles soient dans le degré de blancheur qu'on veut leur donner.

Dès qu'elles sont suffisamment blanches , on leur donne une lessive douce et légère pour les disposer à reprendre la douceur que les autres lessives , plus âcres et plus fortes , avaient pu leur ôter , et on les relave ensuite dans l'eau claire.

En sortant de cette eau on les remet au *frottage,* qui consiste à les frotter avec du *savon noir*, qui commence à les dégraisser , et qui donne à leurs lisières une blancheur qu'elles n'auraient pas sans cela.

Après qu'elles ont été entièrement dégorgées de savon , et bien immergées dans l'eau claire , on les fait tremper dans du lait de vache qu'on a écrêmé , ce qui achève de les dégraisser , de les blanchir , de leur redonner toute leur douceur , et leur fait jeter un petit coton : on les relave ensuite dans l'eau claire pour la dernière fois.

Dès que toutes ces façons ont été données, on les passe au *premier bleu*, c'est-à-dire , dans une eau où l'on a fait délayer quelque peu d'amidon avec de l'émail ou azur de Hollande , dont le plus gras et le plus pâle est le meilleur , parce qu'il ne faut pas donner aux toiles un bleu trop apparent.

Le blanchissage des toiles étant fini par cette dernière opération , les blanchisseurs les remettent aux propriétaires qui leur font donner les apprêts convenables , et ont soin de les faire bien plier auparavant, pour effacer tous les faux plis qu'elles ont contractés dans les diverses préparations qu'on leur a données.

ART DU DÉGRAISSEUR.

L'art du *dégraisseur* consiste à enlever les taches de dessus les étoffes sans altérer la couleur qui y est appliquée. Il est par conséquent une suite de celui du teinturier.

Comme l'eau toute simple ne suffit pas pour nettoyer les étoffes qui ont contracté quelque saleté, et que les anciens ne connaissaient pas le savon, ils y suppléaient par différens moyens. Job fait mention (chapitre 9, verset 30) qu'on lavait les vêtemens dans une fosse, avec l'herbe de *bo-*

rith, qu'on croit être la soude. Dans le sixième livre de l'Odyssée, Homère dépeint *Nausicaa* et ses compagnes, occupées à blanchir leurs habits en les foulant aux pieds dans des fosses. Les Grecs et les Romains suppléaient au savon par le moyen de différentes sortes de plantes et de terres argileuses. Les sauvages se servent pour cet usage de certains fruits. Les femmes de l'Islande lessivent leurs étoffes avec de la cendre et de l'urine ; et les Persans les nettoyent avec des terres bolaires et marneuses qu'ils font délayer dans de l'eau.

On peut considérer les taches des étoffes comme étant de deux espèces générales. Les unes ne font que couvrir la couleur sans l'altérer ; les autres, au contraire, l'altèrent en tout ou en partie, en détruisant la matière colorante même, ou en changeant son état.

Il résulte de ce que nous venons de dire, qu'une drogue propre à enlever une tache de graisse sur une étoffe de telle couleur, ne peut pas servir à enlever une pareille tache de graisse, indistinctement sur une étoffe d'une autre nature, et d'une couleur différente.

Les dégraisseurs sont, par cette raison, obligés d'employer différentes drogues.

Parmi les matières qu'ils emploient, les unes ont la propriété de dissoudre la substance qui forme la tache, et de l'enlever comme par une espèce de lavage, ou, pour mieux dire, par une vraie dissolution qu'elles en font, telles sont, pour les taches de graisse, l'éther, l'essence de térébenthine, le savon, et d'autres drogues de même nature.

D'autres matières qu'on emploie pour les taches de graisse, ont la pro-

priété d'absorber la substance ta-
chante ; telles sont la craie, la chaux
éteinte à l'air , les différentes terres
glaises, le papier brouillard , etc.

C'est au dégraisseur à savoir choisir l'une des substances que nous venons de nommer , et à la savoir assor-
tir à la nature de l'étoffe , et à celle de
la couleur, qu'il faut avoir soin de
ne pas détruire.

Par exemple , le savon enlève fort
bien la graisse de dessus les étoffes
quelconques , mais si l'on voulait s'en
servir pour enlever une tache de
graisse sur une étoffe couleur de rose
ou de cerise , ou teinte en safran , on
altérerait , en même temps , considé-
rablement la couleur de la teinture.
On réussira , avec beaucoup d'effica-
cité , à enlever la tache de graisse de
dessus ces mêmes étoffes , en lavant
l'endroit taché , avec de l'éther.

ART DU SAVONNIER.

Vous venez de voir, mes enfans, de quelle manière les anciens, qui ne connaissaient pas le *savon*, suppléaient à son usage. Arrêtons-nous un moment à sa fabrication, et apprécions toute l'utilité que l'on en retire.

Le *savonnier* est celui qui fabrique toutes les différentes espèces de savons solides ou liquides que l'on trouve dans le commerce, et qui sont employés dans les arts.

Ces différentes espèces de savon sont en général formés par la combinaison d'une matière grasse avec un alkali fixe, et avec une certaine quantité d'eau. Tous ces savons diffèrent suivant la qualité des huiles ou des

Le Savonnier.

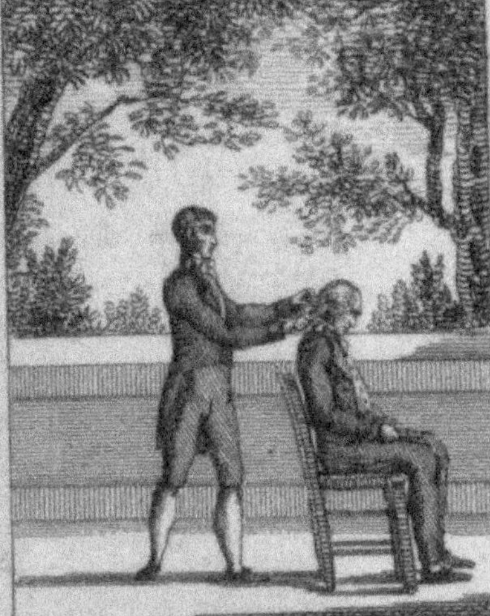

Le Perruquier.

Le Peignier.

L'Art de la Toilette.

graisses , et suivant la nature de l'alkali fixe qu'on emploie pour leur
composition.

Les *savons solides* sont le produit
de la combinaison de l'huile d'olive
avec l'alkali marin , ou alkali minéral , rendu caustique par la chaux ;
et *les savons mous* ou *liquides* sont
formés par la combinaison d'une huile
ou d'une graisse quelconque avec
l'alkali fixe végétal.

On distingue deux espèces de savons
solides ; savoir , le *savon blanc* et le
savon jaspé , qu'on appelle aussi *savon madré* ou *marbré ;* mais ce dernier est essentiellement le même que
le savon blanc. Il n'en diffère que par
la variété de couleurs qu'on lui pro-
cure.

Le savon blanc, bien fabriqué, doit
se dissoudre dans l'eau bien pure : il
la rend cependant laiteuse , mais sans
laisser surnager aucune partie d'huile

à sa surface. Il ne doit point être susceptible de se laisser ramollir à l'air. Il doit être blanc, très-ferme, et n'avoir aucune odeur désagréable. On réussit plus aisément à lui procurer toutes ces qualités en hiver qu'en été; car dans les grosses chaleurs, surtout lorsque l'on fait de très-grandes quantités de savon à la fois, il ne prend pas facilement une consistance ferme, et il arrive quelquefois que l'huile se rancit, avant de se combiner avec les sels. Ce savon est employé par les teinturiers, par les parfumeurs, par les dégraisseurs, par les blanchisseuses, et par plusieurs autres ouvriers.

Les savons blancs et jaspés doivent leur fermeté, 1° à l'huile d'olive qui, étant susceptible de se figer aisément, prend corps très-promptement avec l'alkali fixe minéral ; 2° à la soude qui, comme l'on sait, se crystallise

comme les sels neutres et se dessèche
à l'air, et qui en venant à se crystalli-
ser en effet avec l'huile, contribue
encore infiniment à donner aux savons de la consistance et de la fermeté. On peut aussi faire du savon
blanc avec l'huile d'olive et l'alkali
végétal, tel que celui du tartre, de
la cendre gravelée ou de la potasse,
auquel on ajoute une certaine quantité de sel marin, qui par sa crystal-
lisation donne une suffisante consistance au savon. Quelques manufactures étrangères suivent ce procédé;
mais le savon qui en provient n'est
jamais aussi parfait que celui qu'on
fabrique avec la soude d'Espagne.

On trouve dans le commerce plusieurs espèces de savons liquides,
qui portent en général le nom de
savon noir, pour les distinguer d'avec
les savons blancs ou solides. Parmi
ces savons liquides, il y en a effec-

tivement qui sont de couleur noire ;
d'autres sont verts ; d'autres tirent un
peu sur le jaune. Les verts sont esti-
més les meilleurs. Ils se fabriquent
en Flandre , en Hollande et en Angleterre. Les noirs se font à Amiens ,
à Abbeville et en quelques autres
lieux de la Picardie. Ces sortes de
savons sont ordinairement plus caus-
tiques que les savons blancs. Ils sont
employés par les foulons , les cou-
verturiers , les bonnetiers , pour le
dégraissage des laines. On les trouve
dans le commerce en petits barrils ,
ou quartauts , du poids de cinquante
livres net.

La fabrique de ces savons liquides
ne diffère de celle des savons solides,
qu'en ce qu'au lieu de la soude, on
se sert de potasse ou de cendre gravelée , et qu'au lieu d'huile d'olive ,
on emploie différentes espèces de
graisses , qui se ramassent dans les

cuisines, ou les huiles de colzat, de navette, de noix, de lin, de chènevis, ou enfin des huiles de poisson.

Le savon de Naples est d'une consistance moyenne, ni solide ni liquide; il est de couleur de feuille morte, et d'une odeur douce et aromatique. Les parfumeurs le vendent pour laver les mains et faire la barbe; ils en font entrer dans la composition de leurs savonnettes fines.

ART DU PERRUQUIER.

On donne le nom de *perruquier* à celui qui fait ou qui vend des perruques, et qui coupe et frise les cheveux.

La mode exerce sur cet art un empire absolu; et il serait difficile de suivre de siècle en siècle les variations

de la coiffure et l'histoire de la per-
ruque.

La longue chevelure était chez les
anciens Gaulois une marque d'honneur et de liberté. César, qui leur ôta
la liberté, leur fit couper les cheveux.
Chez les premiers Français, et dans
les commencemens de la monarchie,
la longue chevelure fut particulière
aux rois et aux princes du sang. Les
autres sujets portaient les cheveux
coupés courts autour de la tête. On
prétend qu'il y avait des coupes plus
ou moins hautes, selon le plus ou
moins d'infériorité dans les rangs ;
mais les longues chevelures furent
surtout défendues à ceux qui embras-
saient l'état ecclésiastique. Aujour-
d'hui on porte les cheveux longs ou
courts sans conséquence, et la per-
ruque s'est assise sans opposition sur
presque toutes les têtes chauves. Dans
les villes surtout l'usage en est devenu

si ordinaire, que les cheveux sont maintenant un objet de commerce.

Quoique les faux cheveux fussent connus des anciens Romains, l'usage en est cependant très-moderne en France. La tradition fixe à l'année 1629 le retour ou plutôt l'établissement des perruques sur la tête des Français. Louis XIII avait à peine trente ans lorsqu'il eut la douleur de voir périr presque entièrement sa belle chevelure. Le peu de cheveux qu'il conserva annonçaient même une vieillesse précoce et avancée. Les perruques lui offrirent leurs services. Il les accepta, et cette action acheva d'assurer le triomphe des chevelures postiches.

Pour exprimer avec quelle rapidité cette mode s'introduisit en France, je remarquerai seulement que dès l'année 1634, Louis XIII permit à son premier barbier d'établir quarante-

12*

huit places de perruquiers étuvistes
suivant la cour. Ces quarante-huit
maîtres se dispersèrent dans la capi-
tale , et furent contraints de prendre
chez eux un grand nombre d'ouvriers ,
afin de satisfaire les désirs du public.
Ils envoyèrent même des élèves dans
les provinces, où ils furent favora-
blement accueillis. La nouvelle mode
avait alors tant de charmes , que tout
le monde s'empressait de l'adopter ,
et les perruquiers devinrent des hommes importans , des hommes nécessaires.

Les perruques d'alors étaient cependant bien informes ; elles étaient composées de peu de cheveux , passés un
par un , par le moyen d'une aiguille,
au travers d'un léger canepin. Encore
ce canepin était-il attaché aux bords
d'une espèce de petit bonnet noir qui
formait une calotte , et achevait de
couvrir le reste de la tête. Mais bien-

tôt les perruques se perfectionnèrent, elles prirent de l'ampleur, et sous Louis XIV il s'en fabriqua de si longues qu'elles couvraient presque la moitié du corps.

Pendant quelques années ce fut la mode de porter des perruques blondes ; parurent ensuite les noires, puis les blanches ou les poudrées. La frisure varia également. Le toupet fut partagé et laissa entrevoir le sommet de la tête : on boucla les cheveux, on les figura en rosettes, en marrons.

Nous pouvons franchir tout-à-coup une grande suite d'années, et rappeler seulement les changemens remarquables qui s'opérèrent dans la coiffure des Français, à l'époque et durant le cours de la révolution dont nos yeux ont été les témoins. La suppression de la poudre, et la coupe des cheveux à *la Titus*, semblaient menacer l'état de perruquier d'une destruction entière ; mais la fureur de porter des perruques à la nouvelle forme, imitant la nature avec beaucoup plus de vérité, s'empara de toutes les têtes, et les femmes de tout âge sacrifiaient leur chevelure à la mode qui les entraînait.

On ne peut disconvenir que les perruques actuelles n'aient un grand avantage sur les perruques de nos pères. Elles flattent beaucoup plus ceux qui les portent, et dissimulent davantage les ravages du temps.

Les perruquiers achètent les cheveux tout bruts, c'est-à-dire, sans aucune préparation. Le mérite des bons cheveux est qu'ils ne soient ni trop gros, ni trop fins. La longueur doit être de vingt-quatre à vingt-cinq pouces : moins ils sont longs, plus ils diminuent de prix.

On fait des perruques d'autant de couleurs que la nature en donne aux cheveux dont elle couvre la tête des hommes, c'est-à-dire, de blondes , de noires , de châtaines, de cendrées ; et afin que la vieillesse trouve aussi son ornement et sa commodité convenable à l'âge , il s'en fait de mêlées de blanc , et d'autres toutes blanches.

Le perruquier est ordinairement barbier.

L'usage de porter la barbe dans son état naturel , de lui donner une certaine forme , ou de la raser tout-à-fait, a beaucoup varié. Ces coutumes ont été même , chez certaines nations, des sujets de guerre ou de révolte.

L'incommodité qu'on trouva à la barbe donna lieu à plusieurs peuples de s'en débarrasser. Plutarque dit qu'Alexandre donna ordre aux Macédoniens de se faire raser , de peur que leurs ennemis ne les prissent par la barbe.

Au rapport de Varron , ce fut Me-

nas qui , à son retour de Sicile, amena
le premier à Rome un certain nombre
de barbiers. Avant ce temps-là les
Romains avaient conservé leur barbe
pendant l'espace de cent cinquante-
quatre ans. Ces barbiers n'exerçaient
point leur métier dans des boutiques.
Ils rasaient au coin des rues , et indif-
féremment partout où ils se trou-
vaient. Julien l'Apostat les chassa de
sa cour. Scipion l'Africain fut le premier qui fit venir la mode de se raser
chaque jour. Les jeunes Romains , à
l'occasion de la première coupe de leur
barbe , se faisaient des visites de céré-
monie. Cette barbe était renfermée
dans une boite d'or ou d'argent , et
on la consacrait à quelque divinité ,
surtout à Jupiter Capitolin. Adrien
rétablit à Rome l'usage de porter des
barbes longues , pour cacher les cica-
trices de son visage. Cette coutume
dura jusqu'à Constantin qui la fit

couper. Héraclius la reprit, et depuis lui tous les empereurs grecs l'ont portée.

Les Francs et les Goths ne portèrent qu'une moustache jusqu'au temps de Clodion, qui ordonna aux Français de laisser croître leur barbe et leurs cheveux, pour faire voir qu'ils étaient libres, et pour se distinguer des Romains. Les barbes et les longues chevelures durèrent jusqu'à Louis-le-Jeune, qui fit raser la sienne, sur certaine remontrance qui lui fit Pierre Lombard, évêque de Paris.

Depuis cette époque la mode a encore varié plusieurs fois, et il ne serait pas impossible qu'elle variât encore.

ART DU PEIGNIER.

Les sauvages du grand Océan fabriquent des espèces de peignes d'un bois léger qui ont en petit la forme de nos éventails.

Chez nous on fait des *peignes* de diverses matières et de différentes façons. Il y en a d'ivoire, d'écaille, de cornes de divers animaux, et même de plomb.

Pour faire un peigne l'ouvrier commence par *débiter* la matière qu'il veut employer. La scie dont il se sert pour cela est toute d'acier, à la réserve du manche qui est de bois et un peu recourbé, pour qu'il puisse être mieux empoigné. Elle sert principalement à débiter les bûches de buis et les dents d'éléphant, pour les ré-

duire en *copeaux*, c'est-à-dire, en petites tables de deux ou trois lignes
d'épaisseur et de grandeur convenable. Après cela il dégrossit les copeaux evec l'*écouenne*, qui est un
instrument de fer d'un pouce et demi
de largeur et d'environ sept pouces de
longueur. Il a par-dessous des dents
d'acier qui y sont ajoutées et rivées.
Ces dents, qui en traversent la largeur,
en forme de rainures, sont fort affi-
lées et tranchantes, placées un peu
en talus et tournées vers le bout de
l'instrument, qui fait l'office d'une
espèce de grosse rape. Quand le copeau a été dégrossi, on achève de le
parer par le moyen de l'*écouennette*,
qui n'est autre chose qu'une écouenne
plus petite que celle dont nous venons de parler. Leur seule différence
est que l'écouennette est entièrement
d'acier et toute d'une pièce : c'est-à-
dire, que les dents sont prises et li-

mées dans son épaisseur, qui n'est en tout que de deux ou trois lignes. Le copeau ainsi paré s'appelle *peigne en façon*.

Lorsque le copeau est en cet état, on y marque, et on commence les dents du peigne, ce qui s'appelle *amorcer*. Cette opération s'exécute par le carrelet, instrument d'acier de forme triangulaire.

Après cela on forme et on sépare les dents par le moyen de l'*estadou*, instrument ingénieusement composé et assez difficile à conduire. L'estadou est une réunion de deux feuilles de scie très-minces, qui forment les dents des peignes plus ou moins fines, suivant qu'on tient les deux lames de scie plus ou moins rapprochées l'une de l'autre.

Les deux espèces de grosses dents qui terminent le peigne des deux côtés, et qui renferment les véritables dents, se nomment les *oreilles*. C'est de ces oreilles que l'on commence à compter ce qu'on nomme les *tailles des peignes*, par lesquelles on distingue leurs numéros, c'est-à-dire, leur grandeur.

Les tabletiers de Paris tirent de Rouen presque tout le buis dont ils font leurs ouvrages. C'est aussi de Rouen que vient la corne la plus propre à la fabrique des peignes : elle y est apportée d'Angleterre.

Les feuilles d'écaille de tortue et l'ivoire ou dents d'éléphans se tirent pareillement de Rouen ; mais il en vient encore une plus grande quantité de Nantes, de la Rochelle, de Bordeaux et des autres ports de France où les vaisseaux français les apportent ; savoir, les écailles de tortue des îles Antilles ou autres lieux de l'Amérique, et les dents d'éléphant de plusieurs endroits des côtes d'Afrique, surtout de cette partie qu'on appelle la *Côte des Dents*, à cause de la quantité qui s'y en trouve.

ART DE LA TOILETTE.

Tout frivole qu'il est au fond, l'*art de la toilette* a aux yeux de bien des personnes une très-haute importance. Embellir le corps, combattre la laideur, diminuer les défauts qui peuvent occasionner le dégoût, cacher les imperfections naturelles, celles qui viennent par maladie ou autrement, dissimuler les effets du temps sur le visage, voilà à peu près son objet.

Comme dans tous les temps, l'amour de soi-même et le désir de plaire ont cherché les moyens de rendre la nature moins désagréable, et aussi attrayante qu'il est possible , on a imaginé toutes sortes de remèdes pour rendre la peau plus belle, pour conserver la couleur et la fraîcheur du teint , teindre les cheveux et les sourcils , et enfin tout ce que le galant *Ovide* dit à ce sujet dans le poëme qu'on lui attribue , et qui est intitulé : *De medicamine faciei* , ou de l'*Art d'embellir le visage.*

L'Athénien *Criton* , qui vivait l'an 35o de la fondation de Rome, a épuisé la matière des cosmétiques de son temps , dans un Traité de la composition des médicamens. *Galien* , qui le cite souvent avec éloge , assure que tout ce que *Héraclide de Tarente* et la reine *Cléopâtre* avaient dit avant *Criton* sur la cosmétique , était peu de chose , parce que les femmes n'avaient pas encore porté dans cette partie l'excès de luxe où elles parvinrent dans le siècle de cet écrivain d'Athènes ; et ce fameux médecin n'excuse *Criton* de ce qu'il s'est attaché sérieusement à la description des cosmétiques que sur ce qu'il était médecin d'une cour qui ne regardait pas ces choses avec l'indifférence qu'elles méritent.

Il n'entre point dans notre plan de parler ici des différens fards que l'on peut employer pour colorier le teint. Il est reconnu aujourd'hui que ceux qui sont fournis par les minéraux sont d'un usage très-dangereux. On doit les proscrire avec soin. Au reste, des grâces simples et naturelles, le rouge de la pudeur, l'enjouement et la complaisance, voilà le fard le plus séduisant de la jeunesse. Pour la vieillesse, il n'en est point qui puisse l'embellir autant qu'un caractère aimable, l'esprit et les connaissances.

FIN DU SECOND VOLUME.

TABLE

DES MATIÈRES

CONTENUES DANS CE VOLUME.

FIN DE LA TABLE.